Les productions florales

AGRICULTURE D'AUJOURD'HUI
Sciences, Techniques, Applications

Collection dirigée par P. MOATI
Ingénieur général
du Génie rural des eaux et des forêts

Les productions florales

Cinquième édition revue, corrigée et augmentée

Henri Vidalie
Chevalier des Palmes académiques
Ingénieur horticole (E.N.S.H. Versailles)
D.E.S. de Sciences agronomiques appliquées (E.N.S.S.A.A.)
Professeur à l'Ecole nationale d'ingénieurs
des techniques horticoles d'Angers

Lavoisier TEC & DOC
J.b. baillière

Lavoisier
11, rue Lavoisier, F 75384 Paris Cedex 08

11, rue Lavoisier, F 75384 Paris Cedex 08

ISSN : en cours
ISBN : 2-85206-374-3

Avant-propos

Depuis près d'un demi-siècle, l'agriculture française est entrée de plain-pied dans l'économie d'échanges. Elle assure, non seulement la production de biens primaires, mais fournit aussi aux industries agro-alimentaires et à certaines industries avancées les produits de base qui leur sont nécessaires.

Cette évolution vers plus de valeur ajoutée s'est réalisée au prix de multiples transformations des systèmes et des structures de production. Elle exige des exploitants agricoles, véritables chefs d'entreprise, sans cesse plus d'efforts d'adaptation et d'imagination soutenus par une qualification et une formation professionnelles accrues.

L'enseignement agricole a répondu depuis plus de vingt ans à ces exigences ; il l'a fait en adaptant progressivement le niveau général de la formation, le contenu de ses programmes et en diversifiant ses méthodes pédagogiques pour apporter à la fois des connaissances scientifiques et techniques ainsi que les aptitudes à la synthèse agronomique et à la décision. Dans le même temps, le développement agricole mettait en place un système d'appui technique et financier à des programmes pluriennaux définissant, avec la plus grande précision, des actions prioritaires et pour chacune d'elles des objectifs, des moyens et des indicateurs de résultats. Enfin, l'ampleur des progrès de la formation professionnelle des agriculteurs et des salariés agricoles permettait à ces derniers de s'adapter aux évolutions des conditions de production.

La collection « Agriculture d'Aujourd'hui : Sciences, Techniques, Applications » a pour ambition d'apporter une contribution à la formation et au perfectionnement des différents acteurs de l'évolution agricole.

En premier lieu, elle souhaite mettre à leur disposition, au travers des différentes filières de production agricole, les éléments raisonnés de science et de technique qui constituent leur enseignement, mono- ou interdisciplinaire, aux élèves et aux maîtres de l'enseignement technique agricole long et supérieur — et que concluent respectivement le brevet de technicien agricole et le brevet de technicien supérieur agricole — ainsi qu'aux formateurs de la formation professionnelle.

LES PRODUCTIONS FLORALES

Aux agents du développement agricole dont l'intervention est soutenue par les résultats de la recherche agronomique et des travaux expérimentaux des centres et instituts techniques, elle vise à fournir, par une démarche identique de filière, les données scientifiques et techniques les plus larges dont ils ont besoin pour contribuer à leur formation, initiale ou continuée, ainsi qu'à la mise à jour de leurs programmes de vulgarisation. Au service des producteurs, enfin, elle entend apporter un appui pour l'organisation et l'évolution de leurs systèmes de production sous la pression des marchés et des contraintes économiques; en bref, les aider à répondre aux multiples questions qu'ils se posent en tant que chefs d'entreprise.

La Collection s'enrichit de l'ouvrage consacré par H. Vidalie aux productions florales et dont c'est la 5ᵉ Edition. Cet ouvrage est en effet devenu un classique et sa mise à jour au service des objectifs rappelés ci-dessus vient à son heure au moment où un effort particulier est imposé aux producteurs de la filière horticole non comestible pour relever le défi de la concurrence étrangère et combler le déficit de notre balance commerciale.

Le Directeur de la Collection, P. Moati.

A Arlette,
Anne et Pascale

Table des matières

Remerciements

L'auteur exprime toute sa reconnaissance à ses amis, collègues et relations professionnelles :
— G.M. Perrin, ingénieur général d'agronomie, pour son soutien très efficace à l'occasion des différentes éditions de cet ouvrage ;
— producteurs de l'horticulture, chez qui il a réalisé de nombreuses photographies ;
— directeurs et chercheurs de l'I.N.R.A. (Angers - Fréjus - Antibes - Landerneau) et du C.N.R.S., et plus particulièrement son ami B. Digat (I.N.R.A.) pour sa collaboration ;
— directeurs, ingénieurs et techniciens des stations du C.N.I.H. d'Angers, de Nice et des stations d'Aalsmeer et de Lisse (Pays-Bas) pour leur documentation ainsi qu'A. Mével, ingénieur national « Bulbes » (C.N.I.H.) ;
— directeurs, ingénieurs et conseillers horticoles du C.E.T.A. floral de Hyères, des chambres d'agriculture du Var et des Alpes-Maritimes, du marché floral méditerranéen d'Ollioules, et du C.E.M.A.G.R.E.F. (Antony et Aix-en-Provence) pour leurs conseils ou publications ;
— E. Gabouty, directeur de la revue *P.H.M. Revue horticole* pour sa participation à la documentation photographique ;
— responsables du Centre International des Bulbes à fleurs (Lisse - Hollande) pour les photos « bulbes » ;
— collaborateurs de l'E.N.I.T.H. : R. Augé, L. M. Rivière, S. Charpentier, M. Laffaire, Liliane Brisset et D. Riolland.

Avertissement au lecteur

L'expérience de nos précédentes éditions et les observations de nos lecteurs nous ont amenés à apporter quelques modifications à cet ouvrage :

— la bibliographie a été supprimée ; elle était, en effet, trop générale et très insuffisante compte tenu de la place qui lui était réservée dans le livre ;

— l'illustration photographique a été actualisée et choisie en fonction de son intérêt technique ou scientifique ; les photos de plantes, de fleurs et de leur utilisation figurent le moins possible dans cette nouvelle édition. Nous conseillons à nos lecteurs de consulter les ouvrages de vulgarisation qui traitent cet aspect des productions florales.

Nous nous sommes efforcés de respecter les règles de nomenclature pour l'écriture des noms scientifiques (référence bibliographique : Encke, Buchheim, Seybold — 1979 — *Handwörterbuch der Pflanzennamen*, Ulmer).

L'ouvrage a été traduit en espagnol par le Dr Ingr. José Santos Caffarena pour les éditions Mundi-Prensa à Madrid, en 1983, sous le titre : *Producción de flores y plantas ornamentales.*

Cette 5e édition sera traduite à nouveau par le même Editeur.

Origine des illustrations

Les illustrations photographiques de l'ouvrage sans mention d'origine sont de l'auteur (collection personnelle, coll. E.N.I.T.H., coll. *« P.H.M. - Revue horticole » (1)* ou coll. *« Jardins de France » (2).*

Les tableaux et schémas sont également de l'auteur à l'exception du schéma « La coupe des fleurs » (chapitre : Rosier fleur coupée) qui a été réalisé à partir du mémoire de fin d'études de M. Bertrand (E.N.S.S.A.A. Dijon).

---

(1) « P.H.M. Revue horticole » - *B.P. 1516 - 87021 LIMOGES CEDEX.*
(2) « Jardins de France » - *84, rue de Grenelle - 75007 PARIS.*

Chapitre premier
Généralités

On peut donner plusieurs définitions de la floriculture :

Définition simple : c'est la culture des fleurs, comme son nom l'indique. Cette définition est cependant inexacte : nous savons qu'il existe des plantes sans « fleurs », d'où :

Une autre définition : **c'est la multiplication et la culture des plantes fleuries et des plantes à feuillage ornemental, destinées à la décoration des intérieurs ou des jardins d'agrément.**
On distingue traditionnellement deux grands types de productions florales : les productions de serres, c'est-à-dire abritées et les productions de plein air, c'est-à-dire sans abris.

Remarques :

1 - Nous utiliserons les termes « Floriculture » et « Productions florales » indistinctement.

2 - Entre « serres » et « plein air » il n'y a pas de limites bien tranchées.

Exemple : les « plantes grasses » sont cultivées en plein air sur la Côte d'Azur et en serres dans la région parisienne ou le Nord.
De même les frontières entre la floriculture et l'arboriculture d'ornement ne sont pas toujours très nettes.

Exemple : les rosiers : arbustes d'ornement ou plantes de serres pour la fleur coupée.
Nous avons insisté sur la culture des végétaux « commerciaux », laissant de côté celle des végétaux plus rares (plantes de collections).

PLAN D'ÉTUDE D'UNE CULTURE

Pour plus de clarté dans l'exposé des cultures, nous prenons le plan suivant :

Généralités

Présentation du végétal.
Origine - Exigences générales.
Rappels les plus importants : morphologie, physiologie...
Cultivars les plus fréquemment commercialisés.

Multiplication : obtention des plants

Modes - Epoques - Techniques.

Culture proprement dite

Modes - Techniques.
Substrats - Fertilisation.
Soins culturaux.
Opérations culturales.
Récoltes, rendements, conditionnement...

Ennemis

Ravageurs.
Maladies.

Commercialisation et utilisation

Normes.
Emplois du végétal (étude sommaire : voir notre « *Avertissement* »).

Remarque importante

Au paragraphe « *Fertilisation* », le lecteur pourra noter la référence : Groupe x... de Penningsfeld.
Il s'agit d'une classification des productions florales en 3 groupes selon leurs besoins nutritifs et leur tolérance à la salinité des substrats :

groupe I : faibles besoins, faible tolérance (0,5 à 2 g/litre);
groupe II : besoins et tolérance moyens (1 à 3 g/litre);
groupe III : besoins et tolérance élevés (3 à 6 g/litre).

Chapitre II
Economie des productions florales

Nous envisagerons successivement les caractéristiques et l'importance des productions florales en France puis en Europe.

I — LES PRODUCTIONS FLORALES EN FRANCE

I — LES CENTRES DE PRODUCTION

On distingue généralement les grands centres et les centres secondaires.

A — LES GRANDS CENTRES

Il s'agit de la Côte d'Azur, de la région parisienne et de la Vallée de la Loire.

Côte d'Azur - Provence - Corse

Superficie approximative : 3 000 ha.

Productions principales :
Œillets (Alpes-Maritimes et Var). Différents types : Œillet de Nice (100 ha environ), Œillet méditerranéen, Œillet miniature et Œillet américain (200 ha sous serres).
Roses (région d'Antibes et Var) : 300 ha sous serres.
« Mimosa » *(Acacia)* région de Cannes (400 ha dans le massif du Tanneron).
Asparagus *(A. plumosus)*; plus de 100 ha.
Gerbera (développement rapide, remplace souvent l'Œillet américain et la Rose; 25 ha dans le Var).
« Fleurettes » (Anémones, Renoncules, Soucis, Giroflées, Violettes...); feuillage (*Grevillea, Eucalyptus, Ruscus, Phœnix...*); bulbes (Vaucluse et Var); plantes grasses...
Boutures (établissements spécialisés) : Œillet, Chrysanthème, Gerbera.

Région parisienne

Superficie approximative : 1 200 ha (en diminution).

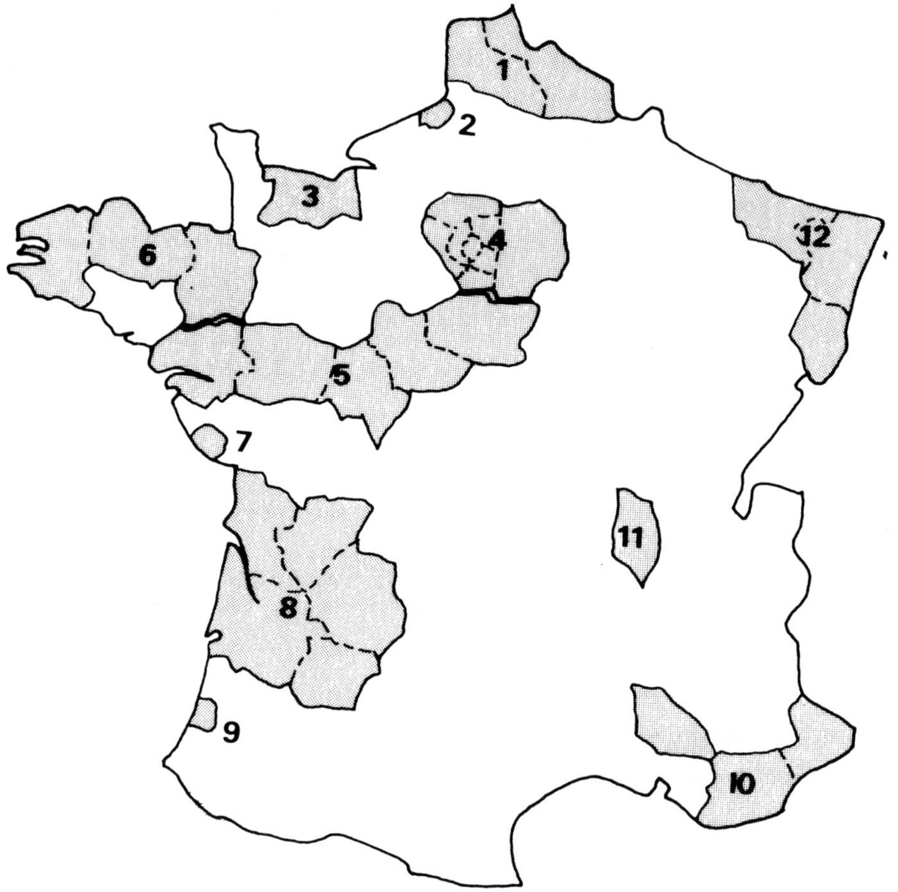

1 - Région du Nord (59, 62)
Pl. vertes et à massifs.
Chrysanthèmes, boutures.

2 - Côte de la Somme : Bulbes.

3 - Normandie : Bulbes.

4 - Région parisienne (78, 91, 95, 77)
PA : 1 000 ha - S : 730 ha.
Fl. coupées : Roses (Brie), Chrysanthèmes.
Pl. en pots : Hortensia, Azalées (forcés).
Pl. vertes. Bulbes.
Pl. à massifs. Orchidées.

5 - Vallée de la Loire (45, 37, 41, 49, 44)
PA : 750 ha - S : 95 ha.
Orléanais : Pl. vivaces, Hortensia, Boutures...
Touraine : Cyclamen, Bruyères, Azalées, Fl. coupées.
Anjou : Cult. grainières. Bulbes, Hortensia, Chrysanthèmes, Cyclamen.
Fl. coupées, Pl. vertes...
Nantes : Muguet, Pl. en pots.
Fl. coupées.

6 - Bretagne (22, 29, 35)
Fl. coupées. Pl. en pots. Bulbes.

7 - Côte de la Vendée
Bulbes.

8 - Basses vallées de la Garonne et Charentes (16, 17, 24, 33, 47)
Pl. à massifs. Boutures.
Fl. coupées.

9 - Côte des Landes : Bulbes.

10 - Côte d'Azur, Provence, Corse
(2A, 2B, 06, 83, 84)
PA : 2 300 ha - S : 800 ha.
Fl. coupées : Œillets, Roses, Gerbera, Glaïeuls, Tulipes.
« Fleurettes ». « Mimosa ».
Feuillage : Asparagus, Palmiers.
Pl. vertes. Boutures.
Bulbes : Glaïeuls.
Pl. grasses.

11 - Moyenne vallée du Rhône (69, 26, 38)
Pl. en pots, à massifs. Fl. coupées.

12 - Régions de l'Est (57, 67, 68)
Pl. en pots : Cyclamen, Saintpaulia.
Fl. coupées. Boutures.

Les productions florales en France PA = Plein air - S = Serres

Productions principales :
Fleurs coupées : Roses (près de 100 ha), Tulipes, Chrysanthèmes...
Plantes vertes et potées fleuries (Hortensia, Azalées, forcés).
Bulbes (plus de 100 ha), Orchidées...

Vallée de la Loire (d'Orléans à Nantes)

Superficie approximative : 800 ha (plus de 1 000 ha avec les cultures grainières).

Productions principales :
Plantes en pots : Azalées, Hortensia, Cyclamen, Chrysanthèmes, Bruyères...
Plantes bulbeuses (Anjou) : plus de 300 ha.
Fleurs coupées, plantes vivaces, Muguet (Nantes).

B — LES CENTRES SECONDAIRES

Disséminés un peu dans toute la France, souvent situés près des grandes villes.

Le Nord (plus de 100 ha de serres) : plantes vertes, Azalées, Cyclamen ; boutures de Chrysanthèmes...

L'Est : fleurs coupées, Cyclamen, Saintpaulia...

La Bretagne : fleurs coupées (Paramé), plantes bulbeuses (Saint-Pol-de-Léon), plantes en pots (Rennes)...

La Vallée du Rhône : plantes en pots...

Le littoral (bulbes).

2 — LES SUPERFICIES

A — PRODUCTIONS DE PLEIN AIR

Nous distinguerons les productions de bulbes de la floriculture de plein air (potées et fleurs coupées).
Bulbiculture : plus de 800 ha.
Floriculture : près de 4 000 ha auxquels il faudrait ajouter 500 ha d'abris (châssis et tunnels dont le développement est spectaculaire).

B — PRODUCTIONS DE SERRES

Régions principales	Surfaces
Côte d'Azur, Provence	800 ha
Région parisienne	130 ha
Pays de la Loire	95 ha
Autres régions	600 ha
Total	Plus de 1 600 ha

A comparer à : 1964 (700 ha) et 1972 (1 000 ha), en retenant que :
50 % des surfaces sont consacrées aux fleurs coupées ;
50 % aux plantes en pots et à massifs.

3 — *VALEUR ET CARACTÉRISTIQUES DES PRODUCTIONS*

En 1985 on estimait la valeur de la production (au niveau de l'exploitation) à plus de 4,5 milliards de francs, et cela, répétons-le, pour une superficie totale de près de **6000 ha** (14000 entreprises).

Les productions florales représentent donc, en valeur, près de 4 % de la production végétale nationale, pour une surface correspondant à 0,015 % de la S.A.U. totale.

Quelques caractéristiques essentielles

Tendance à produire pour certaines époques bien précises : Toussaint (Chrysanthèmes), Fêtes de fin d'année (fleurs issues de bulbes, Poinsettia, Azalées, Cyclamen...), Saint-Valentin (fleurs coupées...), Pâques (potées fleuries), Fêtes des Mères (Hortensia, Saintpaulia); mais on assiste à une nouvelle tendance depuis quelques années : la production de **plantes plus petites,** donc moins onéreuses à l'achat, étalée sur toute l'année (« mini » Bégonias, « mini » plantes vertes...).
Effort dans le domaine de la qualité : production de plants sains (boutures indexées, cultures *in vitro*).
Développement des cultures dirigées : Chrysanthème, Poinsettia, Bégonia, Kalanchoë...
Spécialisation des exploitations : grandes et moyennes exploitations produisant une gamme assez peu étendue de plantes et petites exploitations pratiquant fréquemment la « polyhorticulture » et approvisionnant les marchés locaux.

4 — *QUELQUES ASPECTS DU COMMERCE EXTÉRIEUR*

Valeur (1985) (chiffres arrondis)	Importations	Exportations
	2,2 milliards de F.	270 millions de F.
Caractéristiques	Dont plus de 60 % des Pays-Bas (bulbes et fleurs coupées).	Dont près de 40 % vers l'Allemagne.

La balance commerciale est donc **largement déficitaire.**

5 — *PERSPECTIVES D'AVENIR*

Après avoir exposé la situation des productions florales en France et présenté les caractéristiques du commerce extérieur, on peut se poser la question suivante : quelles perspectives d'avenir peut-on envisager?

Voici quelques éléments de réflexion.

Nous avons vu que la demande en « fleurs » existe, qu'elle est importante et croissante; la dépense des Français pour l'achat de fleurs coupées et de plantes en pots est en augmentation régulière (plus de 180 F par personne et par an en 1985).

Notre balance commerciale est très largement déficitaire : 2 milliards de francs en 1985.

Les « achats pour soi » (ou le « petit plaisir » comme l'a si bien défini le C.N.I.H. !) sont en progression constante, en particulier dans la grande distribution : bouquets composés, compositions florales avec petites plantes vertes et fleuries, fleurs coupées « prêtes à l'emploi » comme le fleuron d'Orchidée dans son présentoir, plantes grasses vendues à l'unité en petits conditionnements, végétaux pour terrasses, balcons, fenêtres...
Devant cette évolution qui nous paraît irréversible, la production française doit se développer. Mais en a-t-elle les moyens ? Nous répondrons personnellement par l'affirmative en nous basant sur les arguments suivants :

Nos agents de développement sont efficaces et dynamiques, leur nombre s'accroît, leurs actions se spécialisent et leur coordination est réelle.

La recherche agronomique et le C.N.R.S. s'intéressent de plus en plus aux problèmes de la floriculture et leurs relations avec le C.N.I.H. sont très étroites.

Les producteurs français bénéficient (... plus ou moins vite peut-être) de la politique de régionalisation avec la mise en place de programmes de développement cohérents, ce qui motive les jeunes horticulteurs.

La technique évolue ; elle devient de plus en plus performante et d'adapte au marché : culture de vitroplantes, productions hors-sol sur substrats inertes, lutte biologique, cultivars adaptés aux nouvelles conditions de production (Rosier, Œillet...), production de plantes miniatures (Hortensia, Azalée, Cyclamen...).

La reconquête des marchés intérieur et extérieur devrait donc se concrétiser dans certains domaines :

La bulbiculture, avec le développement de nouvelles zones de production (Normandie, Landes, Gascogne) et le regroupement des moyens de commercialisation ayant pour objectif la vente sur les grandes surfaces.

La fleur coupée qui doit bénéficier des techniques modernes vues plus haut ainsi que de la reconversion de la production maraîchère dans l'horticulture florale.

La production de plantes issues de la micropropagation *in vitro* (techniques d'acclimatation, culture de mini-plantes pour les compositions...).

Ces réflexions seraient très incomplètes, si nous omettions une considération d'ordre économique : l'étude et l'organisation des marchés en vue de leur adaptation commerciale à la production.

II — LES PRODUCTIONS FLORALES EN EUROPE

Nous nous bornerons à donner quelques aspects de la production au sein de la C.E.E.

Pays	Superficie (ha)		Valeur de la production (en F)	Caractéristiques
	Plein air	Serres		
Pays-Bas	1 700 Bulbes : 14000	4 300	10 milliards (1985)	Augmentation spectaculaire des cultures sous serres (280 ha en 1950). Production basée sur les « fleurs coupées » et les jeunes plants. *Premier producteur* européen. *Exportateur;* 80 % de sa production; les 3/4 de ses exportations vont vers l'Allemagne. *Premier producteur* mondial de bulbes.
Allemagne Fédérale	3 000 Bulbes : 300	2 600	4,6 milliards (1983)	Augmentation rapide des surfaces sous serres (620 ha en 1950), réservées pour 50 % à la « fleur coupée ». *Deuxième producteur* européen. *Importateur;* 25 % de son marché, des Pays-Bas, de l'Italie et de la France.
Italie	3 000 Bulbes : 500	2 600 (serres et abris)	3,8 milliards (1983)	Augmentation rapide des surfaces sous serres (176 ha en 1950). Productions semblables à celles de la France pour les « fleurs coupées ». *Quatrième producteur* européen. *Exportateur;* surtout vers l'Allemagne (plus de 50 %).

N.B. :
Ces chiffres n'ont qu'une valeur relative, les statistiques étant publiées irrégulièrement; d'autre part, leurs sources sont diverses.
La Grèce produit et exporte surtout des fleurs coupées.
L'Espagne et le Portugal *font maintenant partie de la C.E.E.*

Pays	Superficie (ha)		Valeur de la production (en F)	Caractéristiques
	Plein air	Serres		
Belgique et Luxembourg	500 Bulbes : 300	500	1,2 milliard (1983)	Base sa production sur les « plantes vertes », les Azalées « en vert » et les tubercules (Bégonia). *Cinquième producteur* européen. *Exportateur ;* tubercules et plantes en pots, dont l'Azalée.
Grande-Bretagne (et Irlande)	3000 Bulbes : 3000	1 000	1 milliard (1983)	Comme l'Allemagne Fédérale, 50 % des serres pour la « fleur coupée ». *Sixième producteur* européen. *Importateur ;* France et Pays-Bas (40 % pour chacun).
Danemark	200 Bulbes : 500	500	800 millions (1982)	Production de plantes en pots. *Septième producteur* européen. *Exportateur ;* plus de 60 % de sa production.

De nombreux établissements horticoles s'installent à proximité des centrales atomiques dont ils récupèrent les eaux chaudes (Dampierre-en-Burly).

Vente au cadran, aux enchères décroissantes, au Marché floral d'Ollioules (Var).

Chapitre III
Les productions de plantes en pots

I — PLANTES LIGNEUSES À FLEURS

A - CULTURES FORCÉES

Azalée

Rhododendron simsii = *Azalea indica* — Ericacées

Remarques préliminaires

1 — La nomenclature moderne exige qu'il n'y ait qu'un seul genre : Rhododendron ; cependant, par habitude nous continuerons à parler d'Azalée.
2 — On cultive également *Rh. obtusum* et ses hybrides (Azalée japonaise, plante de jardins) mais dans une proportion moins grande. Ex. : 'Favorite' (carmin), 'Rex' (saumon), 'Kirin' (rose), 'Fêtes des Mères' (rouge), 'Vuyk's' (rouge), 'Amoena' (rose violacé), 'Hino Mayo' (rose)...
L'Azalée de l'Inde (originaire de Chine et du sud du Japon comme de nombreux genres d'Ericacées) est un arbuste à fleurs, à feuillage persistant dont l'époque de floraison normale est mai-juin. En serres elle est *forcée* (cf. Hortensia) et fleurit d'octobre à mai.

Exigences particulières et physiologie

Plante calcifuge (pH = 4 à 5) ; système racinaire fasciculé ; très fin et très dense.
Non rustique (sous climat moyen).
Initiation florale : la formation des boutons floraux nécessite une température de 18 °C pendant 5 à 6 semaines ; les rameaux doivent porter 8 feuilles. (A noter que si les Azalées sont cultivées à plus de 20 °C elles se comportent comme des plantes de *jours courts*).

Importance économique

La Belgique — région de Gand — cultive l'Azalée sur près de 300 ha ; c'est le plus important producteur (et exportateur), suivi par les Pays-Bas, l'Allemagne Fédérale et la France (2 millions de plantes élevées « en vert » pour une demande de l'ordre de 10 millions de potées fleuries). Centres de production : région parisienne et surtout la *Vallée de la Loire et l'Est.*

Classification sommaire (très nombreux cultivars) (Voir *tableau* ci-dessous).

Coloris. Le *rouge* est le plus demandé (50 à 60 %), suivi du rose (30 %).

Hâtifs Forçage de septembre à décembre	**Demi-hâtifs** Forçage de janvier à mars	**Tardifs** Forçage d'avril à mai
'Mme Petrick' (rouge carmin) et ses *sports :* 'Benelux' (rouge vif), 'Perle de Noisy' (rose et blanc), 'T. Findeisen' (rouge brique), 'Mme Gau' (panaché), 'K. Bier' (rouge), 'D. Gau' et 'S. Moreux' (rose). 'H. Vogel' (rouge) et ses *sports :* 'Inga' (panaché), 'Vogel Alba', 'Vogel Orange'. 'Ambrosiana' (rouge), 'Paul Schäme' (saumon).	'Avenir' (rouge) et ses *sports.* 'Ambrosius' (rouge vif), 'Vervaeneana' (rouge bordé de blanc) et ses *sports.* 'Mme A. Haerens' (rose et blanc), 'Scherrer' (rouge), 'Rosalie' (rose), 'L. Astrid' (rose et rouge), 'Euratom' (rouge), 'Mélanie' (rouge, rose ou blanc).	'Hollandia' (rouge). 'Rubis' (rouge foncé). 'Hexe' (rouge). 'Knut Erwen' (rouge).

LA MULTIPLICATION

Le semis n'étant employé que pour la recherche de nouveaux cultivars (surtout obtenus par mutations ou « sports » apparaissant *très fréquemment* en culture), deux procédés sont employés : le bouturage et le greffage (peu fréquent en production florale : voir Rosiers, Cactacées...).

Bouturage

S'applique aux porte-greffes et à certains cultivars pour la production de « Francs de pieds ».

Porte-greffes : le plus employé est *A. indica* 'Concinna', très vigoureux ; 'Hexe' est intéressant pour sa résistance à la Septoriose et au chancre.

Francs de pieds : cette technique se développe de *plus en plus* ; en effet elle permet d'obtenir de petites touffes vendables en 18 mois et parfois moins (9 ou 12 mois), et ne nécessite pas de main-d'œuvre spécialisée (à l'inverse du greffage). Convient aux cv. 'Avenir', 'Memoria', 'Ambrosius', 'Vogel' et ses sports, 'Mme A. Haerens', 'Knut', 'Rex', 'Schäme', 'Mélanie', et aux Azalées japonaises.

Techniques : boutures de rameaux feuillés de 10 cm environ pour les P.G. (supprimer quelques feuilles de la base) ; boutures de 5 à 7 cm pour les cv. en conservant toutes les feuilles.

Epoques : Automne pour les P.G. et printemps pour les cv. (février à mai) et même toute l'année dans certains établissements.

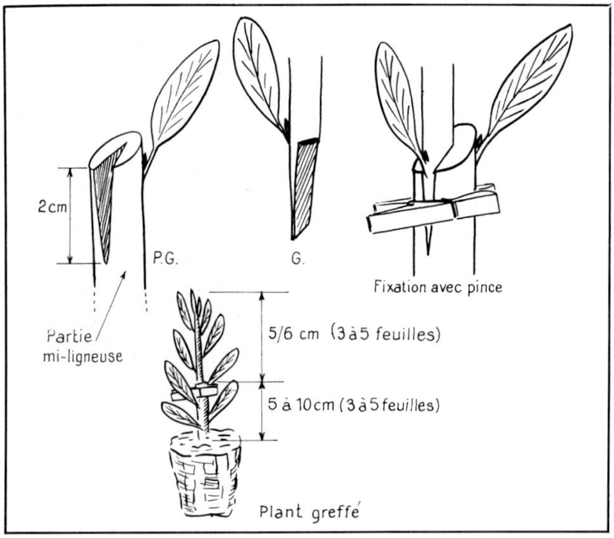

Le greffage de l'Azalée

En serres à multiplication (à 16/18 °C pour l'air et 20/21 °C pour le sol) sous film de plastique et, éventuellement, sous mist-system ; substrats : terre de bruyère (+ sable ou sciure de bois de peuplier) ou tourbe + sable ; disposer les boutures à 2 × 2 ou 3 × 3 cm (1 000 à 1 500/m²).
L'enracinement a lieu en 4 à 6 semaines.

Les plants racinés sont repiqués en caissettes ou sur tablettes (800/m²) ou en petits godets ou en pots de culture et placés en serre tempérée (15-16 °C).

Greffage (Voir *schéma)*

Il s'agit d'un greffage en demi-fente, effectué de *janvier* à *août* (en France : mai-juin généralement ; en Belgique : juillet-août).

Techniques. Le P.G. est rabattu à 10 cm (de 5 à 15 cm, si l'on veut obtenir différentes hauteurs de tiges), le greffage s'effectue avec un greffon de 3 à 4 cm maintenu sur le P.G. à l'aide d'une petite pince. Les greffes sont placées en serre à multiplication, (à 18-20 °C) sous châssis ou feuille de plastique pendant un ou deux mois puis replantées sur tablettes « aériennes » ou en bâche pour l'hivernage (8 × 8 à 10 × 10 cm).
Remarque : on peut également multiplier par greffage-bouturage (les deux opérations en même temps et en utilisant comme P.G. l'extrémité qui a été précédemment rabattue) mais ce procédé est plus rare, les plantes obtenues étant moins vigoureuses et la reprise moins bonne (60 % au lieu de 90 à 100 %).

LES CULTURES
Voir tableau résumé

Plants greffés

La culture est conduite sur *deux* à *trois années.*

Schéma général

Rentrée des plantes en automne en serre froide, hivernage la première année en pots et les années suivantes en *mottes*

Culture estivale des Azalées en pleine terre près de Gand (Belgique).

Culture courte, en pots, de « francs de pied » en serres (Anjou).

ou, de plus en plus fréquemment, en pots (la mise en place de ceux-ci est maintenant mécanisable) ; température minimale : 5 °C, optimale : 10 à 12 °C avec H.R. voisine de 70 % au maximum.

Sortie en plein air vers la mi-mai et plantation en planches de terre de bruyère avec ombrage si nécessaire. Arrosages réguliers, à l'eau non calcaire (les mottes ne doivent pas se dessécher) pratiqués généralement avec rampe oscillante ou « bras » mobile.

Substrats

Qualités physiques : perméables, bien drainés ; les racines des Azalées sont très ramifiées et très fines - pH $\simeq$ 4,5.

Le substrat « classique » est la terre de bruyère (sableuse) mais on utilise également : terreau d'aiguilles de Conifères (« Sapinette »), mélange tourbe + sable ou tourbe + « sapinette »...

Fertilisation

Données de base :

Groupe I de Penningsfeld, c'est-à-dire : plante assez peu

Culture hivernale sous grand tunnel avec anti-gel (Anjou).

exigeante en éléments fertilisants et sensible aux excès de sels.
Equilibre : 1-0,25-1.
Exportations (en mg par plante « greffée ») :

N	P_2O_5	K_2O	MgO	CaO
259	95	266	65	192

Applications

L'épandage « classique » de radicelles d'orge (sous-produit de brasseries) à une ou deux reprises (juillet et fin août par exemple) est de moins en moins pratiqué ; il est remplacé par une fumure plus moderne avec engrais à « libération lente » (type : 20 - 10 - 15) à la dose de 25 g par m^2 de planche ou de 3 g par pot. La fertilisation peut s'effectuer également à l'aide d'engrais solubles (type : 18 - 6 - 12) distribués 1 fois par mois en début de culture (jeunes plants) puis 1 fois par semaine à faible concentration (0,5 ‰ par exemple).

Opérations culturales

Tailles de formation de novembre à mars.

Pincements (le 1er en août/septembre puis en mai-juin) pour faire ramifier les plantes : on pince uniquement l'extrémité des tiges en laissant 4 à 5 feuilles. En dernière année de culture le nombre de pincements (2 à 4) permet d'obtenir des fleurs plus grandes ; le dernier pincement a lieu au plus tard fin mai.

Les pincements peuvent être effectués chimiquement (produits spéciaux pulvérisés sur le feuillage) ; le bourgeon terminal est détruit et les bourgeons axillaires se développent. Faire préalablement des *essais sur quelques plantes*. Produits actuellement au commerce : Off-Shoot-O et Atrinal.

Les plantes destinées à la vente (automne) sont présentées en *mottes*.

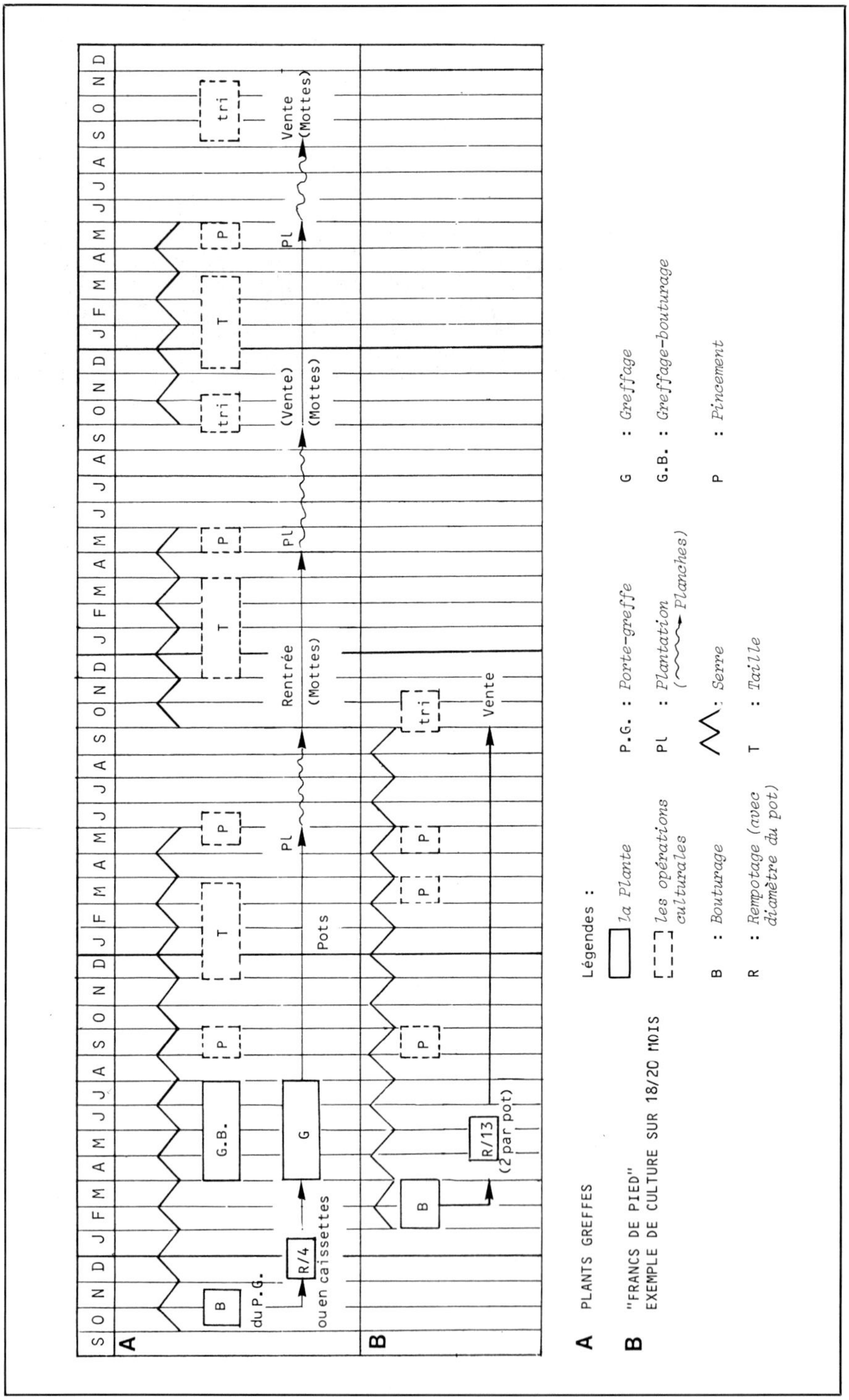

Les cultures de l'Azalée

Azalées « francs de pied » (à gauche) et greffées (à droite).

Francs de pied

Après le bouturage les Azalées peuvent être cultivées de deux façons :

Soit comme les Azalées greffées : repiquage des boutures racinées en petits godets ou (plus fréquemment) en caissettes ou en plaques de culture; 3 à 4 mois après, rempotage en pots de 11 à 13 cm, puis culture en serres, jusqu'au printemps et à l'extérieur pendant l'été.

Soit de manière plus simplifiée (et parfois plus courte : 18, 12 et même 8 mois) : les boutures racinées sont empotées directement en plaçant 1 à 3 plantes par pots de 10 à 13. La culture s'effectue alors intégralement en serres jusqu'à la vente.

Opérations culturales

Pincements : selon les durées de culture ou pratique 1 pincement (plantes de 9 mois), 3 pincements (18 mois) et plus; le dernier pincement s'effectue toujours avant la fin mai. On peut les réaliser chimiquement.

On insistera sur la fertilisation minérale en apportant des engrais solubles (de préférence) à la dose de 0,5 à 1 g par litre, 2 à 3 fois par mois, de février à août. Il est *impératif* de contrôler très régulièrement la *salinité* du substrat.

LE FORÇAGE

On choisit des plantes dont les boutons à fleurs sont bien visibles et de forme ovale.

Si les Azalées ont été cultivées en mottes il faut réduire celles-ci, manuellement ou à la machine, avant empotage. Précaution importante : bien imbiber la motte par trempage dans l'eau.

Réalisation

Epoques : octobre à avril-mai.

Durée : 20 à 40 jours (suivant le cultivar et l'époque).

Températures : éviter les changements brusques qui peuvent provoquer la chute des feuilles.

Exemple : pour *A. indica.*

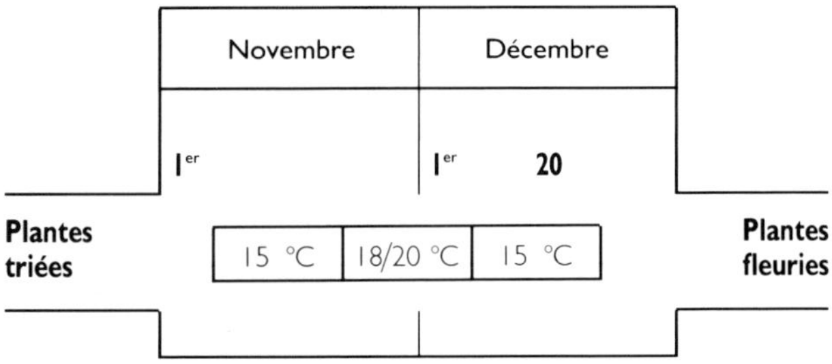

Pour les A. japonaises 15 °C suffisent.

Soins culturaux : bassinages fréquents (parfois plusieurs fois par jour) et arrosages à l'eau non calcaire et réchauffée ; serre très claire ; éboutonnages éventuels de façon à ne garder que le bouton terminal.

Remarque importante : la culture dirigée de l'Azalée

Elle est une application des données du photopériodisme et du thermopériodisme et commence à être pratiquée dans certains pays (U.S.A., France).

Schéma de culture

1. Croissance végétative ——► Jours longs (16 heures) pendant 5 à 6 semaines avec 18 °C de nuit.
2. Initiation florale ——► Jours courts (8 heures) pendant 6 à 8 semaines et 18 à 20 °C minimum.
3. Levée de la dormance ——► Températures basses (2 à 4 °C) : passage en chambre frigorifique pendant 5 à 6 semaines.
4. Forçage ——► Températures élevées (18 à 20 °C) pendant 4 semaines et plus.

La *culture toute l'année* peut être envisagée.

ENNEMIS
(en général peu fréquents)

Ravageurs

Acariens *(Tetranichus urticae et Brevipalpus inornatus)* : décoloration du feuillage qui devient grisâtre et tombe. Lutte : veiller à ce que la température ne soit pas trop élevée ; acaricides non spécifiques (huiles blanches, Parathion, Aldicarbe) ; acaricides spécifiques (Kelthane ou Endosulfan).

Tordeuses *(Cacoecia oporana)* : Microlépidoptère dont les chenilles dévorent les pousses et les rassemblent (toiles). Lutte : Lindane en fumigations ou en pulvérisations ; Parathion, Méthomyl...

Teigne *(Gracilaria azaleela)* : Microlépidoptère dont les chenilles mineuses replient les feuilles vers le bas et provoquent leur chute (grave surtout au forçage). Lutte : supprimer les feuilles attaquées ; traitements identiques à ceux pratiqués contre la tordeuse.

Maladies

Cloque (ou Fausse Cloque) ou Galle foliaire *(Exobasidium azaleae)* : hypertrophie des tissus (galle), feuilles *épaisses et blanchâtres.* Sur certains cultivars ('Avenir', 'Verveneana') les boutons floraux sont très souvent attaqués. Lutte : détruire les organes atteints (épluchage) ; détruire les Aleurodes (véhiculant la maladie) ; traitements chimiques assez peu efficaces (voir Septoriose).

Septoriose *(Septoria azaleae)* : maladie fréquente et grave. Taches arrondies orangées puis brunâtres entre les nervures. Diminution de la vigueur, *chute des feuilles,* mauvais développement des fleurs. Lutte : aération (éviter une trop grande humidité) ; éliminer les plantes malades ; prélever les boutures sur des plantes saines ; utiliser les P.G. résistants ('Hexe') ; traitements : sels de cuivre (oxychlorure) ; fongicides de synthèse (Captane, Zinèbe, Mancozèbe).

Ovulinia azaleae (« maladie des fleurs ») : maladie peu fréquente mais très grave. Flétrissement visqueux des fleurs (restant fixées sur la plante). Développement favorisé par les températures élevées et un fort degré hygrométrique. Lutte : éviter les brusques changements de température ; traitement : Zinèbe.

Cylindrocarpon radicicola (« Chancre ») : tumeurs sur la tige. Utiliser des porte-greffes résistants ('Hexe') et *ne pas trop enterrer* les jeunes plantes. Traiter avec Bénomyl par exemple.

Cylindrocladium et ***Phytophthora*** provoquent parfois des dégâts en culture (Europe du nord) : flétrissement partiel ou généralisé. Traiter avec Bénomyl pour la première maladie et Prothiocarbe ou Furalaxyl pour la deuxième.

COMMERCIALISATION ET UTILISATION

Les Azalées destinées au forçage sont vendues « en vert » et classées en fonction du diamètre de la couronne. La tendance est à la demande de potées de 15 à 25 cm, ce qui explique l'essor des cultures de « francs de pied » (on regroupe plusieurs plantes par pot).
Potées fleuries d'excellente tenue en intérieur (10 à 20 °C). Arroser régulièrement à l'eau *non calcaire.*

Hortensia

Hydrangea macrophylla — Saxifragacées

L'Hortensia est un arbuste à fleurs, très cultivé en France pour le *forçage* en particulier.
Il est originaire des forêts humides du Japon où il se développe en sols acides et sous climat tempéré à très forte pluviométrie.

Rappels de systématique

Feuilles opposées (à noter pour le bouturage).

« Fleur » : inflorescence en *corymbe* portant deux types de fleurs : fleurs stériles disposées à l'extrémité du corymbe, à 4 ou 5 sépales pétaloïdes colorés, seuls décoratifs (+ 4 pétales très petits + x étamines); fleurs fertiles, au centre, (8 étamines ou plus), peu apparentes, sans intérêt décoratif et fréquemment absentes pour de nombreux cultivars.

Physiologie de la floraison

La formation des boutons (initiation florale) s'effectue normalement entre mi-août et fin septembre : nécessité de températures assez « basses » (de l'ordre de 13 à 17 °C), comparées à celles de juillet. Cette phase doit être suivie d'une période de froid qui permet d'obtenir une floraison de qualité (grosses inflorescences bien colorées et dégagées du feuillage) par le forçage.

Exigences générales

L'Hortensia est *rustique*; les boutons floraux sont parfois gélifs (au-dessous de — 8 °C) mais la résistance au froid varie avec les cultivars.
C'est un végétal de mi-ombre et strictement *calcifuge*.

Principaux cultivars

Traditionnels

A fleurs blanches : 'Sœur Thérèse' (1/2 hâtif), 'Bichon' (1/2 hâtif).
A fleurs roses : 'Merveille' (1/2 hâtif), 'Marie-Claire' (1/2 hâtif), 'Royal' (tardif).
A fleurs rouges : 'Chaperon Rouge' (hâtif), 'Maman' (hâtif), 'Val de Loire' (hâtif).

Miniatures

A fleurs blanches : 'Immaculata', 'Nymphe', 'Linda'.
A fleurs roses : 'Rosita', 'Sibylla', 'Bodensee'.
A fleurs rouges : 'Leuchtfeuer', 'Alpenglühen'.

Les coloris rouges et roses sont les plus demandés (50 à 60 %), suivis des bleus (20 à 30 %) et des blancs (10 à 20 %). Parmi les « Traditionnels », le cultivar 'Merveille' représente, à lui seul, environ 60 % *des ventes,* mais 'Maman' est de plus en plus cultivé (couleur vive, précoce).
Quant aux « Miniatures », ce sont des plantes basses, très florifères et d'aspect buissonnant. La demande pour ce type de végétal étant de plus en plus forte sur le marché français et à l'étranger, certains producteurs élèvent actuellement plus de 50 % d'Hortensias miniatures.

Importance économique

Place très importante de la France, *premier producteur mondial,* avec 4 à 5 millions de plantes produites annuellement (dont plus de 2 millions en Anjou).

REMARQUE IMPORTANTE : HORTENSIAS A FLEURS BLEUES

La coloration bleue est obtenue à partir de cv. roses ('Merveille', 'Benelux', 'Bodensee'...) dont le pigment (une anthocyanine) est capable de passer au bleu dans certaines conditions bien précises : *présence* d'aluminium *assimilable* dans le substrat; pH : 4 à 5 *(assimilation de l'ion aluminium)* et fertilisation *riche* *en K_2O* et plus pauvre en P_2O_5 (qui provoque des précipitations de phosphates d'aluminium).

Comment fournir de l'aluminium à la plante ? On trouve deux procédés :
1 — Utilisation de terres naturellement riches en aluminium (terres schisteuses de la région d'Angers ou « terres bleues »), au dernier rempotage.
2 — Utilisation de sels d'aluminium (sulfate d'aluminium, alun d'ammoniaque) additionnés au substrat au dernier rempotage et apportés par arrosages pendant l'été (5 à 7 arrosages du 15 juillet au 15 septembre) et en cours de forçage (5-6 arrosages).
Le *deuxième procédé se généralise,* compte tenu des difficultés à se procurer des terres schisteuses.

Doses à employer
5 à 10 g de sulfate d'aluminium par litre d'eau (spécialités commerciales prêtes à l'emploi).

LA MULTIPLICATION

Elle s'effectue principalement chez les horticulteurs spécialisés dans la production d'Hortensia « en vert » (vallée de la Loire) et par **bouturage.**
Type : bouture feuillée de 8 à 10 cm, à 2 ou 3 paires de feuilles (parfois deux feuilles pour les uniflores et même une feuille — en sectionnant le rameau longitudinalement — pour les nouveautés).
Prélèvement sur pieds-mères sains placés en serre ou tunnel chauffés (miniatures) ou sur les rameaux pincés des plantes multipliées l'année précédente (traditionnels).

Epoques : de mars à juin en fonction du type de culture (miniature ou traditionnel).

Techniques : placer les boutures en bâche à multiplication, ou en coffres sous châssis ou sous tunnel de plastique à 16/18 °C dans un substrat de tourbe (50 %) et sable ou perlite (50 %). L'enracinement se produit en 3 à 4 semaines.
On peut également bouturer directement dans les alvéoles des plaques de polystyrène (l'opération du rempotage en godet de 8 est alors supprimée).

LES CULTURES
(Voir tableau résumé, p. 23)

On distingue deux types de cultures (= cultures « en vert ») :

Sur deux ans : culture traditionnelle de pluriflores à 2-3, 3-5, 6-10 fleurs ;
Sur un an : culture de miniatures à 3-5 et 6-10 fleurs ; la production des uniflores a pratiquement disparu.

Culture traditionnelle

Première année : après un bouturage en juin, les plantes sont empotées en godet de 8 ou de 9, ou en plaques de polystyrène et placées en bâches ou coffres (en plein air) sur un lit de sable. Hiverner sous châssis (protégés du froid par des paillassons) ou sous tunnels chauffés en anti gel.

Deuxième année : rempotage en pots de 14-15 à partir du mois de mai (à la machine) et plaçage en planches : sur un lit de sable (l'aire de culture peut être désherbée chimiquement

Bouturage en plaques alvéolées.

Culture des Hortensias traditionnels : empotage en 15; la taille a produit 2 rameaux qui vont être pincés et donner 2 boutures.

Plantes « en vert » en octobre au moment de la vente; à gauche : 'Merveille' (traditionnel) et à droite : 'Bodensee' (miniature).

Culture estivale des Hortensias miniatures avec arroseur mobile.

avant la mise en place : Simazine, Propizamide...) ou sur film de plastique noir (assez rare).

Le desserrage des pots à 30 × 30 cm (traditionnels) ou 20 × 20 cm (miniatures) a lieu en juillet et les plantes restent en place jusqu'en octobre.

Culture des miniatures

Après un bouturage en mars-avril, empoter en 8/9 ou en plaques de cultures (en serres ou sous tunnel), rempoter en juin en 13/14 et cultiver en planches comme pour la culture sur deux ans (afin d'assurer une croissance régulière des plantes celles-ci sont parfois recouvertes de petits tunnels en toile intissée pendant 1 mois environ).

Substrats (exemples)

Au premier rempotage
Terre de bruyère (50 %) + terreau de feuilles (25 %) + sable (25 %) ou bien : tourbe blonde (60 %) + sable (40 %).

Au deuxième rempotage :
Compte tenu des observations formulées au sujet des Hortensias bleus on distinguera deux cas :

Premier cas : cv. roses, rouges et blancs :
Terre de bruyère (40 %) + terreau de feuilles (30 %) + terre franche (20 %) + sable (10 %) ou bien : écorces (45 %) + tourbe brune (25 %) + tourbe blonde (15 %) + terre franche (15 %) ou bien : tourbe blonde (80 %) + sable (20 %).
Le pH doit se situer entre **6 et 6,5.**

Deuxième cas : cv. roses « à bleuir » :
A partir des substrats précédent on peut incorporer : soit de la terre d'Angers (30 à 50 %), soit du sulfate d'aluminium : 5 kg par m^3.
Le pH doit se situer entre **4 et 5.**

Fertilisation (exemples)

Exportations annuelles (en mg/plante) pour le cultivar 'Merveille' (en pot de 15) :

N	P_2O_5	K_2O	MgO
1 025	830	2 350	210

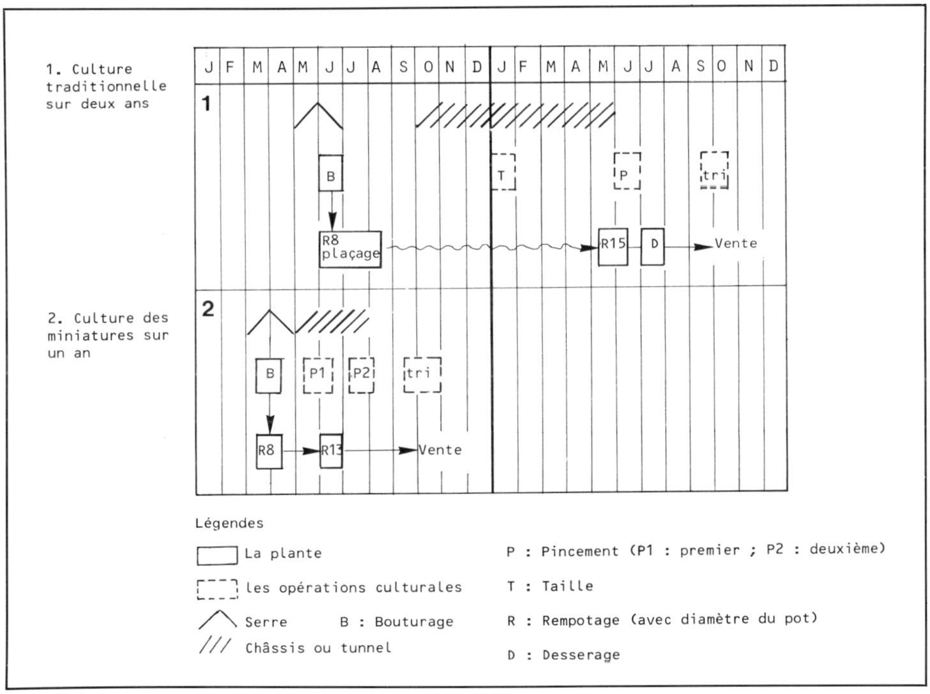

Nous distinguerons encore deux cas :

Premier cas : cv. roses, rouges et blancs.
Ces coloris (et le rose en particulier) nécessitent une *forte alimentation minérale* (groupe III de Penningsfeld) avec l'équilibre suivant : 1-0,7-2,3.

Fumure de fond
7 à 8 kg/m^3 d'engrais de type 14-10-14 ou à action lente (3 kg/m^3 de 20-10-15 ou 3 à 4 kg/m^3 d'osmocote 15-12-15...).

Fumure complémentaire
Apports d'engrais solubles de juillet à septembre (en fonction de la végétation aux doses de 2 à 4 ‰ et tous les 10 jours en moyenne ce qui correspond à une dizaine d'apports); utiliser des formules d'engrais dont l'azote est apporté *sous forme nitrique.*

Deuxième cas : cv. « bleus ».
Ce coloris nécessite une fertilisation un peu moins riche en azote et en phosphore; par contre l'apport de potasse sera plus important (équilibre : 1-0,3-3).

Fumure de fond
5 kg/m^3 de l'engrais précédent et 1 kg/m^3 de sulfate de potasse et, éventuellement, 5 kg/m^3 de sulfate d'aluminium.

Fumure complémentaire
Comme pour le premier cas. (Rappelons que le bleuissement est obtenu par arrosage au sulfate d'aluminium, à 5-10 g/l, à raison de 5 ou 6 apports au cours de l'été.)

Opérations culturales

On peut les présenter *chronologiquement* (Voir le *tableau-résumé, p. 23).*

1. *Taille* (culture traditionnelle sur 2 ans)
Elle est effectuée pendant l'hiver; on taille généralement au-dessus d'une *paire* de bourgeons.

2. *Pincements*
miniatures : après le premier rempotage, on réalise deux pincements : le 1er au-dessus de une à deux paires de feuilles (mai), le 2e en juillet/août.

traditionnels : chaque tige obtenue par la taille est pincée au-dessus de deux paires de feuilles, en juin (tenir compte cependant de la vigueur des cultivars); ce pincement permet de réaliser les boutures pour un nouveau cycle de culture.

3. *Plaçage. Desserrage* (distançage). ***Resserrage*** fin septembre.

4. *Tri*
Ne conserver pour le forçage que les plantes portant des tiges pourvues de boutons floraux bien formés et intacts.

5. *Hivernage*
Avant le forçage il est nécessaire que les plantes subissent un repos de végétation et l'action du froid pour *lever la dormance* des boutons floraux.

1° Provoquer éventuellement la chute des feuilles en coupant le pétiole à 0,5/1 cm. La partie restante tombe rapidement d'elle-même et la zone d'abscission (cicatrice foliaire) est alors bien lignifiée ce qui peut éviter les risques de contaminations pour les spores de Botrytis.

2° Placer les potées, soit en silo (lits successifs de pots couchés et de sable), soit sous châssis abrités par des paillassons, soit en chambre froide (+ 2 °C) pour les cv. les plus hâtifs (1res séries) : dans ce cas les plantes peuvent être traitées avec leurs feuilles (gain de main-d'œuvre). L'hivernage débute généralement la première quinzaine de novembre. Durée : 8 semaines et plus en silo ; 3 semaines (traditionnels) et 4 semaines (miniatures) en frigo à + 2 °C (travaux de recherches H. Vidalie et Coll.).

Soins culturaux

Ils se résument aux arrosages quotidiens, pratiqués à la rampe oscillante ou avec un arroseur mobile — cf. Azalée, Bruyère — de juin à septembre.

LE FORÇAGE

Il s'effectue à partir de la première quinzaine de décembre ; avant la forte augmentation du prix des combustibles les horticulteurs pouvaient se permettre d'appliquer le régime de température suivant pour les premières séries :

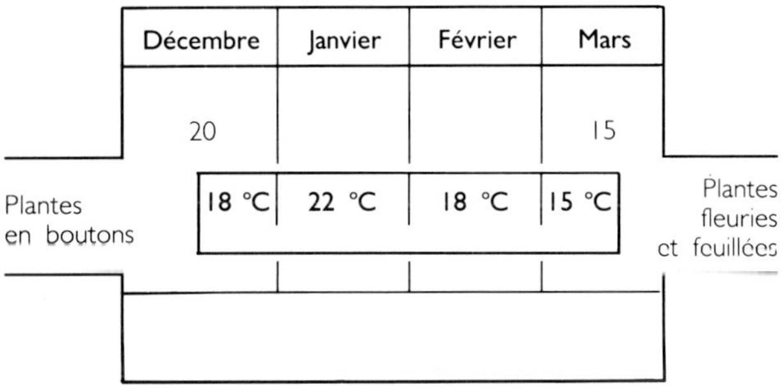

Actuellement, ce régime de températures est souvent **simplifié :** on applique 18 °C pendant les deux premiers mois pour terminer le forçage à 15 °C.

Durée : 70 à 90 jours (suivant les cv. et l'époque).

Soins culturaux

Bonne luminosité des serres et ombrage lorsque l'éclaircissement dépasse 15 000 à 20 000 lux.
Bassinages et arrosages fréquents dès que les feuilles se développent.

Desserrage en fonction de la végétation (pour passer de 20 pots/m^3 à 10 pots/m^3 pour les miniatures et 4 à 5 pots par m^3 pour les traditionnels).

Tuteurages si les tiges sont minces ou longues (plus de 40-50 cm) ; il est inutile lorsque la durée de traitement au froid est de 3 semaines pour les traditionnels.

Influence de 3 durées de traitement au froid (+ 2 °C) sur le forçage de 'Rosita'; de gauche à droite : 3, 4 et 5 semaines. Les plantes ont été placées en chambre frigorifique avec leurs feuilles (travaux de recherche H. Vidalie et Coll.).

Serre de forçage, vaste et claire; le sol est arrosé régulièrement pour maintenir une H.R. élevée.

Fertilisation : au forçage, les exportations du cultivar 'Merveille' sont les suivantes (en mg/plante) :

N	P_2O_5	K_2O	MgO
860	200	940	90

(Travaux de recherche de l'I.N.R.A. d'Angers — F. Lemaire et A. Dartigues — et du B.H.R. — E. Henry et M. Chaumont —).

La fertilisation débute dès l'apparition des premières feuilles; on réalise des apports hebdomadaires d'engrais solubles à 2 g/litre et à raison d'1/2 litre de solution par pot, comme suit (exemple) :

— deux premiers apports : formule 19-8-16;
— trois apports suivants : formule 19-5-28 (+ 2 % MgO).

Comme dans le cas de la culture « en vert » on choisira un engrais plus riche en azote pour les cv. roses et rouges et plus riche en potasse pour les cv. bleus. Rappelons que le *bleuissement* nécessite, ici également, des apports de sulfate d'aluminium (5 à 6 arrosages à 5 g/l).

L'irradiation (1 000 lux, 4 heures par jour) avance la floraison de 1 à 2 semaines mais elle est peu pratiquée pour des raisons de prix de revient.

L'application de nanifiants (type Alar, Ancymidol...) *sur les dernières séries* de traditionnels permet de réduire l'allongement excessif des tiges (pulvérisation d'Alar à 4,5 g/litre sur les pousses de 5 cm).

ENNEMIS

Ravageurs

Anguillules *(Ditylenchus dipsaci)* : Nématode de 1 mm de longueur qui s'attaque à de nombreuses plantes florales. Provoque des nécroses intraépidermiques ; les jeunes pousses d'Hortensias enflent et se distordent, les feuilles portent des taches huileuses au cours du forçage, mais les attaques à ce stade sont exceptionnelles.
Lutte préventive : boutures saines, substrats et poteries désinfectés et curative : traitement des plantes avec Parathion, désinfection du sol par la chaleur ou avec des nématicides : l'Aldicarbe est le plus efficace.

Acariens *(Tetranychus urticae)* : apparaissent parfois au cours du forçage et en culture « en vert » ; provoquent un affaiblissement des plantes. Lutte : fumigations de Parathion ou de Sulfotep ; pulvérisations de Diénochlor ; applications d'Aldicarbe (un traitement) : *meilleure efficacité.*

Maladies

Oïdium *(Microsphaera polonica — Oïdium hydrangeae)*
Symptômes classiques d'attaque du « blanc » ; peut entraîner la chute des feuilles ; fréquent en été, rare en serres.
Lutte : traitement avec Dinocap, Bénomyl, Triforine...

Ascochyta *(Ascochyta hydrangeae)* : maladie des taches foliaires ou Anthracnose. Taches caractéristiques en « Œil de Paon », pouvant atteindre 10 mm de diamètre et se développant en fin de végétation ; *rare au forçage.* Lutte : voir Botrytis.

Botrytis *(Botrytis cinerea)* : pourriture grise. Maladie très *fréquente* et *grave.* Symptômes « classiques » :
sur feuilles : taches grisâtres débutant au bord du limbe ;
sur tiges : cf. à l'emplacement d'une cicatrice foliaire ;
sur fleurs : cf. Cyclamen avec dessèchement des pièces florales.
Très grave sur *boutons floraux.*
Lutte : soins culturaux : desserrer les plantes régulièrement, assurer un chauffage correct, c'est-à-dire une température constante, aérer suffisamment, éliminer les feuilles atteintes et traitements : Thirame, Bénomyl, Méthylthiophanate, Thiabendazole et surtout Iprodione.

Viroses : Ring spot (mosaïque en anneaux) et virus de la Tomate provoquent une diminution de la vigueur ; 'Merveille' est très sensible.
Lutte : sélection visuelle et culture de méristèmes (et indexages) réalisés en particulier par la station « Val de Loire » du C.N.I.H.

COMMERCIALISATION ET UTILISATION

Emballage soigné des potées fleuries.
En intérieur : température de 15 à 18 °C et arrosages fréquents. Eviter les rayons solaires directs. Très bonne tenue.

B — CULTURES DIRIGÉES

Poinsettia

Euphorbia pulcherrima — Euphorbiacées

Le Poinsettia (nom le plus fréquemment employé) est une plante dont la culture s'est très vite développée aux U.S.A. puis dans les pays nordiques, en Grande-Bretagne, en Allemagne et en France.

Raisons de cet essor :
Intérêt décoratif des bractées terminales (entourant les fleurs véritables, petites cyathes sans intérêt décoratif), nombreuses (12 à 20), grandes et vivement colorées (rouge éclatant, rose, blanc et panaché de jaune).
Croissance spectaculaire par *sa rapidité.*
Culture dirigée par application du photopériodisme (plante de jours courts fleurissant normalement à la fin de l'année, d'où son nom d'Etoile de Noël).
Bonne réaction aux *réducteurs de croissance.*

Origine géographique : régions montagneuses humides du Mexique et d'Amérique centrale où il atteint près de 3 mètres de hauteur ! Dans ces régions la température moyenne est de 18 °C (2 °C à 33 °C) et la pluviométrie dépasse 900 mm.

Cultivars (pour l'Europe) :
Rouges (60 % de la demande) : 'Annette Hegg', 'A.H. Diva', 'A.H. Lady', 'A.H. Topstar', 'A.H. Newstar', 'Angelika', 'V10' (= 'Amy', 'Anne-Marie'), 'V14' (= 'Glory')...

Roses : 'A.H. Rose', 'A.H. Femina',...

Blancs : 'A.H. White', 'A.H. Topwhite',...

Panachés : 'Groarble'.

Les obtenteurs européens sont T. Hegg (Norvège), Gutbier (R.F.A.) et E. Gross (France).

Importance économique : plus de 2 millions en France (12 millions en Allemagne).

MULTIPLICATION

Elle s'effectue dans des *établissements spécialisés* (cf. Chrysanthème, Hortensia, Azalées...).
Bouturage de février à octobre (et même toute l'année) : boutures feuillées de 7 à 8 cm (2 à 4 feuilles), trempées dans de l'eau quelques minutes (pour faire coaguler le latex) et placées généralement en godets-paniers ou en jiffy-seven, dans un substrat de tourbe et sable (ou perlite), à une température de 20/24 °C et avec une H.R. voisine de 100 % ; le mist-system donne d'excellents résultats.
Les *pieds-mères* sont cultivés en serre tempérée à 10-12 °C et rabattus, puis mis en végétation à 20-22 °C (en janvier) ; on les renouvelle tous les ans et demi et ils produisent 15 à 20 boutures par mois.
L'enracinement a lieu en 3 à 4 semaines.

Bractées décoratives et fleurs véritables (au centre).

Rempotage d'un plant livré en « godet-panier ».

Rempotage d'un plant livré en « jiffy-seven ».

A gauche : 'Hegg Diva', traité au C.C.C.
A droite : le cultivar 'New Star' non traité, reste assez court.

CULTURE

Elle se pratique en *serre chaude très claire* et *dure 3 à 4 mois* selon la précocité des cultivars (très hâtifs : 'Topstar', 'Diva'). Les racines étant fragiles (et la plante sensible à certaines *maladies*) on empote dès la réception des boutures dans le pot définitif (traditionnel ou fréquemment en plastique) : pot de 10 : une bouture (Uniflore); pot de 13/14 : une bouture pincée (3 à 6 fleurs).
Ne pas tasser le substrat (précaution très importante pour éviter d'endommager les jeunes racines), et enterrer le godet de bouturage en le laissant déborder d'un centimètre environ. Les pots sont d'abord placés l'un contre l'autre pendant trois à quatre semaines, puis distancés (9 à 10 pots par m^2 pour les « pluriflores » et 20 par m^2 pour les uniflores); cette opération est très importante : elle permet d'éviter l'étiolement des feuilles basales.

Substrats (pH : 6 à 6,5)

Léger et poreux - Exemples : terre franche (2/3), terreau de feuilles (1/3) et sable ; terreau de feuilles (1/3), tourbe (1/3) et sable ou perlite ou polystyrène (1/3); tourbe blonde (2/3), perlite (1/3) ou laine de roche hydrophobe (1/3).
Il est indispensable d'ajouter à tous les « mélanges » du calcaire broyé pour ajuster le pH à la valeur désirée.

Fertilisation

Exportations (en mg/plante, pour 4,5 mois de culture) :

N	P_2O_5	K_2O	MgO	CaO
305	88	413	88	195

Le Poinsettia appartient au groupe II de Penningsfeld et l'équilibre recommandé est : 1-0,3-1,4.
La fertilisation débute deux semaines après l'empotage ; on peut apporter toutes les semaines 1 g/l de 14-10-14 par exemple (bien lessiver à l'eau pure après deux fertilisations pour éviter les *excès de salinité).*
En fin de culture, c'est-à-dire un mois avant la vente, un engrais riche en potasse favorise la coloration des bractées et leur croissance.
(Ex : apport de KNO_3 ou de 17-9-30 à la dose de 1 g/litre, à raison de 250 cm^3/pot, 2 fois par semaine).

Soins culturaux

Température : après l'empotage : 20 à 22 °C, pendant 1 semaine, puis 18 °C de nuit (20 à 25 °C de jour) et 16 °C à la coloration des bractées.

Aération : dès que les plantes sont bien enracinées on aère lorsque la température dépasse 23-25 °C.

Arrosage : le substrat doit toujours être *humide* mais il faut éviter un *excès d'eau* qui peut provoquer la pourriture des racines (utiliser de l'eau à 20-22 °C).

Réducteurs de croissance : ils permettent de limiter l'allongement excessif de certains cultivars et provoquent une meilleure ramification. Application de cycocel en pulvérisation, 10 à 15 jours après l'empotage (uniflores non pincés) ou après le pincement (pluriflores pincés) lorsque les nouvelles pousses mesurent 5 à 6 cm. On pratique en général 1 traitement.

Installation de déroulement automatique de toiles noires pour le traitement « Jours courts » d'une culture de Poinsettia.

Doses : 20 à 30 cm^3/10 l d'eau, soit 0,2 à 0,3 % (à 0,5 % on peut provoquer des réactions de phytotoxicité).

L'ancymidol, utilisé en arrosage sur le pot, donne également de très bons résultats (25 cm^3 par pot d'une solution à 2 %).
Remarque : certains cv. sont naturellement assez courts pour se passer de traitements aux réducteurs de croissance : 'Newstar', 'Topstar', 'V10',...

Opérations culturales (pour les pluriflores)

Pincement : 8 à 10 jours après le rempotage on pince au-dessus des 5 ou 6e feuilles (enlever un centimètre) afin d'obtenir 3 à 6 rameaux et parfois davantage.

Culture dirigée

Données de base : plante de « jours courts » (13 heures de nuit — 11 heures de jour); température optimale pour l'initiation florale : 18 °C.

Applications : à partir d'un rempotage effectué en août (pour les pluriflores pincés) la « floraison » normale se produit en décembre mais selon les mêmes principes que pour le Chrysanthème on peut la *programmer.*
A noter : un éclairement très faible (10 à 20 lux) inhibe la floraison.

1. L'application de jours longs en hiver permet d'éviter la « floraison » des pieds-mères qui continueront leur croissance végétative. On pratique un éclairage d'appoint (durée variable de 3 à 5 heures), donnant 100 lux.

2. L'application de jours courts de mars à octobre (obscurcissement total de 19 heures à 8 heures du matin) permet de provoquer la « floraison » par exemple pour la fête des mères :

Empotage : 1er février, pincement : 10/12 février; éclairage : jusqu'à fin mars (3 heures par nuit); obscurcissement : de la fin mars jusqu'au développement complet des bractées (pendant 8 à 10 semaines) et vente : à partir du 15 mai.

ENNEMIS

Le Poinsettia est, en général, peu attaqué par les ravageurs ou les maladies; ces dernières peuvent se développer si les conditions culturales sont négligées.

Thielaviopsis basicola : pourriture des racines en substrat humide et peu chauffé (souvent associé à *Pythium - Rhizoctonia...).* Désinfection des substrats ; Bénomyl...

Botrytis cinerea : pourriture au bouturage - Manèbe, Captane, Bénomyl, Iprodione...

Sciara : mouche dont les larves rongent les racines. Lutte : Sulfotep...

COMMERCIALISATION ET UTILISATION

Emballages soignés. Très belles potées fleuries à réserver aux pièces les plus claires (18 °C). Arroser modérément : éviter toute humidité excessive. Durée : plusieurs mois.

C — CULTURES NORMALES

Bruyères

Erica — Ericacées

Comme pour les Azalées, nous nous trouvons en présence des Bruyères non rustiques (bien qu'elles supportent — 2 à — 3 °C), originaires d'Afrique du Sud (= Bruyères du Cap). Production par des établissements spécialisés en France (vallée de la Loire, Est, Sud-Ouest) et en Allemagne.

Importance économique : la production française annuelle dépasse 6 millions de plantes (26 millions en Allemagne).

Classification

Espèces-types

E. gracilis : floraison automnale et hivernale, port érigé ; cv. Glaser (très hâtive, la plus cultivée en Allemagne) ; cv. Globularis (la plus ramifiée) ; Vernalis (plus tardive et très cultivée en France).

E. persoluta : floraison printanière, port buissonnant, peu cultivée.

Ces deux espèces ont des *petites fleurs arrondies.*

Hybrides

E. hiemalis : floraison automnale et hivernale ; cv. Président Carnot (rose clair).

E. X willmorei : floraison de fin d'hiver ; cv. Casimir Périer (rose), Impératrice (saumon)...

Ces deux hybrides ont des *fleurs allongées, en tubes.*

Coloris : rouge, rose et blanc.

Exigences générales : comme pour les Azalées, serre froide et substrats acides ; plantes indifférentes au photopériodisme.

Remarque : on cultive parfois *Phyllica ericoïdes* à fleurs blanches et à floraison automnale et hivernale.

MULTIPLICATION

Bouturage (technique la plus employée).

Effectué d'août à octobre et surtout de janvier à mai en serre. Boutures de 3/4 cm, effeuillées ou non à la base et disposées en caissettes ou en plaques alvéolées ; les caissettes ou les plaques sont placées sous un « tunnel de plastique ».

Température : 18 à 20 °C ; H.R. : 90 %.

Bouturage en plaques multipots.

Substrat : tourbe (2/3) et sable ou perlite (1/3) qui donne de très bons résultats. L'enracinement demande 4 à 6 semaines et parfois davantage.
Le mist-system semble être très intéressant ; il permet un gain de temps de une à deux semaines.

CULTURES

Le schéma général est le suivant (*culture traditionnelle sur 2 ans soit 18 à 24 mois) :*

Repiquage : en caissettes ou en godets de 5 ou en plaques alvéolées, placées en serre froide, deux à trois mois après le bouturage.

Rempotages
1. Après un bouturage d'automne, un rempotage en 7/8 (ou dans les alvéoles d'une plaque de polystyrène) est effectué au printemps et les Bruyères sont placées en coffres, sous châssis (ombré au début) ou sous tunnel de plastique.
L'hivernage peut se faire en coffres ou en serres (à 4-5 °C minimum) ou sous tunnel où se pratique donc toute la culture (à 4-5 °C minimum également).
2. Un deuxième rempotage est alors effectué au début du printemps suivant en *pots* de 12 ou plus et les plantes sont

Vue partielle d'une tablette à multiplication.

Dans le Sud-ouest il est possible de cultiver et d'hiverner les Bruyères en tunnel avec chauffage antigel.

Culture d'*Erica gracilis* en octobre, sur film de P.E. (Touraine).

Hivernage en serre froide des Bruyères de printemps *(Erica X willmorei).*

placées en planches, en plein air jusqu'à la vente (30 × 30 cm); ce plaçage est manuel ou bien mécanisé (de plus en plus fréquemment) : il existe une machine permettant de pratiquer des trous dans le sol où sont disposés les pots.
Les Bruyères de printemps sont hivernées en *serre froide.*

Substrats et fertilisation (pH = 5 à 6)
Terre de bruyère (3/4) et sable (1/4), substrat naturel des Bruyères !
Tourbe blonde et sable (70 % et 30 %).
Fertilisation assez peu fréquemment pratiquée *(Groupe I de Penningsfeld)*; certains producteurs fertilisent les Bruyères en raisonnant les apports comme suit :
— phase de croissance, équilibre 1-0,25-0,5 (engrais 20-5-10 par ex.);
— phase d'initiation florale, équilibre 1-0,3-1,4 (engrais 17-9-30 par ex.). Ne pas dépasser 1 g/litre, tous les 10 jours.

Opérations et soins culturaux
Pincements manuels ou de plus en plus souvent à la tondeuse, à partir de mai (on en compte 3 ou 4 dont 1 en 2e année, début juin).

Alimenter régulièrement les plantes en eau mais sans excès (voir Maladies); emploi de rampes ou bras mobiles.
Lumière : les Bruyères doivent être cultivées en serres très claires.
Températures optimales : 12 à 15 °C pour la croissance; 20 à 25 °C pour l'induction florale et 5 à 8 °C pour l'hivernage.

Evolution : la culture courte
Elle est pratiquée pour la production d'*Erica gracilis* en 12 à 16 mois (pots de 11). Le bouturage est effectué en septembre/octobre; repiquage éventuel; rempotage en janvier/février. Hivernage en serres ou sous tunnel (10/12 °C) pour permettre une croissance semi-continue puis culture en plein air. Vente en octobre/novembre.

ENNEMIS

Acariens fréquents.

Maladies : fonte des boutures, *Oïdium* sur fleurs et surtout *Phytophthora cinnamomi* qui provoque la mort des jeunes plantes (désinfection des substrats; traitements : Bénomyl, Etridiazole, Prothiocarbe, Ethyl-phosphite d'aluminium).

COMMERCIALISATION ET UTILISATION

Ventes importantes pour les décorations funéraires (Toussaint 60 %, Pâques 30 %). Ornementation des massifs, bacs... (surtout en Allemagne) et dans l'Est de la France.
Bonne plante d'intérieur pour locaux clairs et frais (halls, jardins d'hiver...).

Hibiscus

Hibiscus rosa-sinensis — Malvacées

Il s'agit de l'Hibiscus cultivé comme plante d'appartement, à ne pas confondre avec *Hibiscus syriacus,* arbuste d'ornement à floraison estivale.
Originaire des régions tropicales et subtropicales de Chine et du Japon (où il forme des arbustes de 3 à 5 m), l'Hibiscus fait l'objet de cultures importantes au Danemark, en Allemagne, aux Pays-Bas et en France.
Fleurs élégantes (plus de 10 cm), simples ou doubles.
Port léger, beau feuillage brillant, foncé.

Coloris très attrayants et modernes : rouge, orangé, jaune...

Cultivars (exemples) : 'Lagos' (orangé), 'Week-end' (orangé à fleur « ondulée »), 'V. Houtten' (rose vif), 'Flamenco' (rouge foncé), 'Emmy' (blanc crème à « œil rouge »), 'Ina' (rouge), 'Mémé' (orange à « œil noir »), 'Paramaribo' (rouge), 'Moesiana' (orangé, feuilles dentées)...

MULTIPLICATION

Bouturage : réalisé d'octobre à mars et même, parfois, toute l'année; boutures herbacées, d'extrémités ou de tronçons (8 à 10 cm avec 3 à 4 feuilles) placées en godets-paniers ou en « jiffy » ou même directement en pots (2 ou 3 en 11-13), dans un substrat de tourbe (3/4) et sable (1/4). Température de fond : 22/25 °C; H.R. : 90 % (feuille de plastique...). L'emploi d'hormones est très profitable. Enracinement : 3 à 4 semaines.

CULTURE

Elle est simple dans son principe : elle consiste en *un rempotage* effectué en pots de 12-14 après le bouturage en godets ou « jiffy ».
Durée : 6 à 8 mois du bouturage à la vente.

Culture de l'Hibiscus après le 1er pincement.

Culture de l'Hibiscus après le 2e pincement (station d'Aalsmeer).

Substrats : terre franche, terreau et sable, ou terre franche et tourbe, ou 2/3 tourbe et 1/3 de pouzzolane; pH : 6/6,5.

Fertilisation : apport d'une solution fertilisante à 2 ‰ toutes les semaines en période de croissance active; équilibre 1-05,-1,5; les Hibiscus sont exigeants en éléments fertilisants.
Engrais : 17-9-30, par exemple.

Opérations et soins culturaux

Température : 16 à 18 °C de nuit; des températures trop *élevées* (plus de 25 °C) provoquent l'allongement des pousses qui se lignifient mal.

Arrosages réguliers et abondants en période de pleine croissance.

Lumière : plante de plein soleil, l'Hibiscus doit être cultivé en serres *très claires*. L'ombrage (à 30 %) n'est nécessaire qu'en été.

Pincements : on en pratique en général 2, le premier sur boutures racinées, le second sur chacun des rameaux obtenus (au-dessus de la 3e ou 4e feuille et en fonction des cultivars); la floraison débute 2,5 à 3 mois après.

Hibiscus « nanifié » par traitement au C.C.C. (à droite); le témoin non traité est à gauche (expérimentation M. Laffaire, E.N.I.T.H.).

Réducteurs de croissance : comme cela se pratique pour Chrysanthèmes, Poinsettia... l'application de réducteurs de croissance permet d'obtenir des plantes basses (30 cm), dont la floraison sera plus précoce. Emploi de cycocel en pulvérisation, après le deuxième pincement lorsque les rameaux ont 5 à 8 cm (dose : 0,15 à 0,25 %); 2 à 3 applications.

ENNEMIS

Peu fréquents; surveiller les attaques **d'Acariens et d'Aleurodes...**

COMMERCIALISATION ET UTILISATION

Très belles potées fleuries à conserver dans des locaux clairs ou en jardins d'hiver; arrosages réduits en période de faible croissance (hiver).

Véroniques

Hebe — Scrofulariacées

Deux Véroniques sont produites par les horticulteurs : *Hebe* (= *Veronica*) × *andersonii* et *Hebe* (= *Veronica*) *pinguifolia* (= *H. carnulosa* ?), improprement appelée « myrthe ».

Compte tenu de leurs *faibles exigences en température*, ces plantes sont actuellement très cultivées, en particulier dans la vallée de la Loire où les conditions climatiques leur sont très favorables.

Les fleurs, mises en valeur par un feuillage foncé, sont rouges, roses, violacées, chez *H.* × *andersonii* (il existe un c.v. 'Variegata'); par contre elles sont insignifiantes (blanchâtres) chez *H. pinguifolia* ; on « décore » souvent cette dernière avec des petites fleurs d'Immortelles : c'est commercial mais d'un goût discutable !

MULTIPLICATION

Bouturage de rameaux feuillés, en fin d'été, en coffres ou en serres froides ou sous tunnels; substrat léger; température : 12 à 15 °C. L'enracinement s'effectue en 4 à 5 semaines.

CULTURE

Si le bouturage n'a pas été fait en godets ou en plaques de culture, les boutures sont empotées dans ces contenants en octobre/novembre; substrats : traditionnels (terreau de feuilles + terreau de bruyère + terre franche et sable) ou « modernes » (tourbes enrichies et sable ou perlite...).

Lot de Véroniques conditionnées pour la vente en octobre.

L'hivernage est réalisé en serre ou sous tunnel munis d'un chauffage anti-gel (+ 4/+ 5 °C).

Rempotage définitif en avril en pots de 13 à 16, selon l'espèce; les substrats sont identiques à ceux du 1er empotage : on peut incorporer 2 kg/m^3 d'un engrais de fond.
En mai, les Véroniques sont placées **en plein air,** en planches, comme on le fait pour l'Hortensia, ces cultures étant souvent réalisées par les mêmes horticulteurs.

La vente a lieu en octobre-novembre.

Opérations culturales : on pratique en général 3 pincements; le 1er un mois après l'empotage (décembre), le 2e en mars/avril et le dernier en mai/juin (avant la mi-juin).

Soins culturaux : arrosages très réguliers en cours de croissance et fertilisation d'entretien avec engrais équilibré (1-0,5-1) : 3 g/l/semaine; avant la floraison (août/septembre) : équilibre 1-0,5-1,5 ou nitrate de potasse : 4 g/l/semaine.
Les ennemis sont peu fréquents (Pucerons).

Décorations funéraires pour la Toussaint mais également des balcons, terrasses, etc.; les Véroniques gèlent à partir de — 2/— 3 °C.

Rosier en pots

Rosa x — Rosacées

Cette production fut longtemps la spécialité de quelques producteurs : ils forçaient en serres des Rosiers de petit développement cultivés par les pépiniéristes; la vente s'effectuait surtout pour la Fête des Mères.
Greffés sur un porte-greffe à système racinaire très dense (adapté à la culture en pots) comme *R. multiflora,* ces Rosiers étaient le plus souvent des « Polyanthas » c'est-à-dire des « Rosiers buissons à fleurs en bouquets » (= classe IV). Cultivars : essentiellement des « sports » du type « Koster » à fleurs roses : 'Margo Koster' (orangé); 'Fête des Mères' (rouge); 'Dick Koster' (rose)...
Depuis quelques années cette production prend un « nouveau départ » avec la mise en marché de plants issus de la

Essai de forçage de Rosiers en pots issus de vitroplants, en mars (C.N.I.H. - Midi).

micropropagation *in vitro* et la création, par les obtenteurs de Roses, de cultivars buissonnants, florifères, offrant des couleurs vives et variées, chez le groupe « Meillandina » en particulier.

Forçage des « Meillandina » (issus de boutures).

Dès réception des plants, rempotage en pots de 12 (2 plants par pot), dans un substrat acide (pH ≃ 6) et bien drainant (mélanges « prêts à l'emploi ou tourbe + écorce...). On laisse les plants « raciner » en les plaçant en serres froides (± 5 °C) pendant 1 mois 1/2 (cette phase « froide » favorise le forçage). Celui-ci commence généralement au début janvier ; il s'effectue en serres chauffées à 15/18 °C.

— pincements : on pratique deux pincements, le premier à 5 cm au-dessus du pot (après 3 semaines de forçage), le deuxième à 7/8 cm du premier (1 mois après);

— arrosages, fertilisation : en localisé, par exemple, toutes les semaines avec une solution de type Coïc ou un engrais soluble (17-9-30 à 1 g/litre).

La floraison est obtenue en 2 à 3 mois.

Forçage des plantes issues d'in vitro

Le schéma général est identique à la culture précédente. Cependant le forçage peut commencer plus tôt (novembre) avec des plants « acclimatés ». Les potées fleuries bénéficient de l'effet de basitonie des plantes issues de la multiplication *in vitro :* plantes bien ramifiées, courtes et florifères.

Les ennemis sont les mêmes que ceux décrits au chapitre *« Rosiers fleurs coupées ».*

2 — PLANTES HERBACÉES A FLEURS

A — CULTURES NORMALES

Cyclamen

Cyclamen persicum — Primulacées

Origine

Zone est du bassin méditerranéen, en sous-bois de feuillus ou de résineux, sur sol dont le pH varie entre 7 et 8.

Morphologie

L'organe de conservation est un tubercule (correspondant à la tubérisation de l'axe hypocotylé) sur lequel prennent naissance les racines, les feuilles et les fleurs.
La fécondation artificielle est aisée ; le fruit (capsule) se dirige vers le sol par un mouvement de torsion (« ressort ») du pédoncule ; chaque capsule contient 20 à 50 graines.

Rappels de physiologie

Le Cyclamen semble être *indifférent* vis-à-vis du photopériodisme mais les boutons floraux se forment en plus grand nombre en jours longs et avec une intensité lumineuse élevée.

Importance économique

Production française estimée à 10 millions de plantes fleuries (Allemagne Fédérale : 25 millions ; Pays-Bas : 10 millions...).

Classification des principaux types

Ils sont très nombreux ; le coloris le plus demandé est le rouge (50 à 60 %), suivi du rose (20 à 30 %).

Cyclamens multipétales : 6 à 10 pétales, en général tétraploïdes ; deux types : à fleurs géantes (C. de Tours), français « amélioré », à feuillage plus compact ('Vermillon').

C. à 5 pétales et à fleurs géantes, tétraploïdes ; deux types : hollandais ('Vurbaak', 'Rose d'Aalsmeer', 'Perle de Zehlendorf'...), français (« Morel »), allemand, suisse, danois...

C. à 5 pétales et à grandes fleurs, diploïdes : bien adaptés à la culture courte ; types « Morel », pastel hollandais, pastel à feuillage marbré (« Rex »)...

C. hybrides F1 : très bien adaptés à la culture courte, précoces, homogènes ('Rosamunde', 'Carmen', 'Virgo', 'Pavo'...).

C. miniatures : culture très courte, port compact, souvent parfumés ; types hollandais, allemand, suisse...

C. pour la fleur coupée : très longs pétioles.

Semis à l'aspirateur : les graines sont retenues par l'aspiration en face de chaque trou ; elles seront disposées sur les caissettes situées au 2e plan.

Jeunes plants (3 mois).

Rempotage en godets de plastique.

MULTIPLICATION

Elle s'effectue par semis (1 g = 100 graines en moyenne).

Dates

Traditionnellement de juillet à septembre mais les établissements spécialisés sèment *toute l'année.*

Techniques

En terrine et surtout en caissettes de polystyrène (à 1 × 1 cm et, le plus souvent, à 2 × 2 ou 4 × 4 cm afin d'éviter les repiquages) ou même directement en « jiffy 9 » ; le semis peut être réalisé à « l'aspirateur » (Voir *photo*) ou avec un semoir pneumatique.
Recouvrir légèrement les graines (sable, argile expansée...) ou placer les caissettes ou les « jiffy 9 » à l'obscurité, éventuellement en chambre de germination.

Température : 17 à 19 °C (idéale : 18 °C).
La levée se produit après 3 à 4 semaines : elle est en général irrégulière et incomplète (80 %).

Substrats (pH : voisin de 6)

Très variés... Exemples :
1/3 terreau de feuilles,
1/3 terre de bruyère (ou tourbe),
1/3 sable,
ou bien *tourbe enrichie* (type T.K.S. 1), ce qui est le cas le plus fréquent actuellement.

Trempage; calibrage

Le trempage des graines dans l'eau tiède (24 h à 25 °C) ne donne pas de résultats très positifs.
Le calibrage des graines fait apparaître que les calibres moyens donnent les meilleurs résultats.

CULTURES
(Voir tableau - résumé, p. 42)

Elles s'effectuent en serres, du semis à la vente ; cependant certains horticulteurs et les services d'espaces verts des villes placent parfois encore les plantes en bâches sous châssis, de mai à septembre.

Types de culture

On évolue vers une réduction de la durée de culture (de 12/14 mois pour les types traditionnels, à 8/10 mois pour les

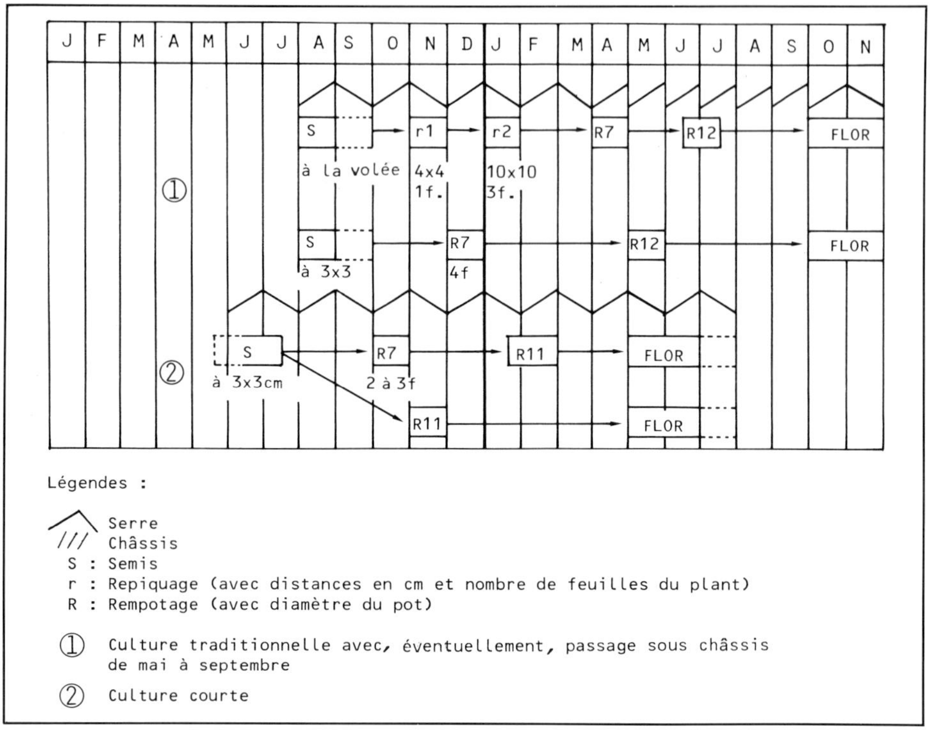

Les cultures du Cyclamen

diploïdes et les F1 et à 7/8 mois pour les « miniatures ») et une simplification dans les manipulations : on passe ainsi de *5 opérations* (semis + 2 repiquages + 2 rempotages) à *2 opérations* (semis + rempotage).

Substrats (pH : 5 à 6)

Les substrats traditionnels comportent presque toujours du terreau de feuilles (cf. origine de la plante).

Exemples :

1/2 terreau de feuilles + 1/2 terre de bruyère ;
3/4 terreau de feuilles + 1/4 sable ;
1/2 écorce broyée + 1/2 tourbe blonde.

Mais on évolue, là encore, vers leur standardisation et leur simplification (ex. : T.K.S. 2 + sable).

Fertilisation

Données de base : le Cyclamen appartient au groupe II de Penningsfeld ; les exportations ont été chiffrées comme suit (en mg/plante pour 13/14 mois) :

N	P_2O_5	K_2O
613	169	1 190

Ce qui correspond à l'équilibre : 1-0,3-1,9. L'azote étant très fortement absorbé par les racines, il faut éviter un excès de cet élément qui risquerait de provoquer un développement foliaire exagéré.

Applications

Fumure de fond

Au premier rempotage : apport de 2 à 3 kg de guano et 2 à 3 kg de poudre d'os par mètre cube ou bien 2 kg d'un engrais complet de type 14-10-14 par mètre cube ; les engrais « à action lente » sont également très intéressants : apport de 3 kg/m^3 d'osmocote 15-10-15 (durée : 3 mois) par exemple. Dans de **nombreux cas** cette fumure n'est **pas pratiquée.**

Fumure d'entretien

Avec engrais solubles, à partir du premier rempotage, à la dose moyenne de 2 ‰ toutes les semaines et à raison de 250 à 300 cm^3 par pot.

Exemple :

— du rempotage à l'apparition des boutons floraux : formule 19-8-16 (+ 2 MgO) ;

— jusqu'à la floraison : formule 17-9-30, donc plus riche en K_2O pour favoriser la floraison et sa qualité.

Soins culturaux

Cas des cultures sous châssis (à partir de mai) : enterrer les pots dans de la tourbe, n'ouvrir les châssis qu'après 7 à 8 jours, ombrer en période estivale et aérer le plus souvent possible.

Cas des cultures en serres : températures à appliquer (temp. de nuit) :

	Croissance	Floraison
Culture longue *(1)*........	15 à 20 °C	12 à 15 °C
Culture courte................	18 à 20 °C	15 à 18 °C

(1) Donc peu exigeante en température...

Culture sur gouttières métalliques avec irrigation localisée (centre de recherches pour la Floriculture d'Aaslsmeer).

L'application d'acide gibbérellique sur 'Tzigane' (hybride F1) a permis de grouper la floraison en améliorant la précocité (travaux de recherche R. Augé, H. Vidalie et Coll.).

Dans les deux cas :

Arrosages réguliers et bassinages fréquents.

« Distançages » en fonction du développement des plantes pour arriver à : 10 à 12 pots de 12 et 20 à 30 pots de 9 (« miniatures ») par m^2.

Lumière : 20 000 lux pour les plantes adultes, 60 000 lux pour les jeunes plants ; ombrage à 60 % en période estivale. Rappelons qu'une bonne luminosité favorise la formation des boutons floraux.

Opérations culturales

Très peu nombreuses sur Cyclamen... ce qui est un avantage par rapport à d'autres productions.

Suppression des boutons floraux dès juillet pour la vente en octobre.

Des essais de traitement (par pulvérisation foliaire) à l'acide gibbérellique nous ont permis de montrer l'effet très favorable sur la précocité (gain de 10 à 25 jours) ; par ailleurs la floraison est groupée et il est donc possible de la programmer pour une date précise. Dose de produit commercial 'Bérellex' : 0,02 à 0,05 mg par plante ; stade repère : très jeunes boutons (0,5 à 1,5 cm de long).

La production de graines

Les porte-graines étant conservés en serre froide (12-15 °C), la fécondation s'effectue à l'ongle, à la spatule ou au pinceau (fleurs longistylées), de décembre à mai.
La maturation des capsules se produit en 2 à 4 mois ; après récolte et séchage (une semaine), on prélève les graines. Un pied-mère peut donner plus de 30 capsules contenant 20 à 50 graines (un bon rendement est de l'ordre de 1 500 graines par P.M.).
Conservation ordinaire (de préférence à 5/10 °C et 50 % d'H.R.).

Remarque : Production de fleurs coupées
Elle est surtout développée en Allemagne fédérale et peut se se conduire soit en pots (cf. Culture longue), soit en bâches (plantation à 30 × 30 cm). Rendements : 50 à 80 fleurs par plante.

ENNEMIS

Ravageurs

Otiorrhynque *(Otiorrhynchus sulcatus)* : Coléoptère dévorant le bord des feuilles (échancrures) ; larve apode rongeant les racines (surtout en serres). La végétation est ralentie, la plante flétrit. Lutte : en cours de végétation avec Bromophos, Chlormevinphos mais la lutte est difficile contre les larves (arrosage avec Gusathion) et apport de Carbofuran dans les substrats (traitement qui semble être le plus efficace).

Tarsonème *(Tarsonemus pallidus)* : Acarien jaune clair, invisible à l'œil nu ; provoque le recroquevillement du limbe, des crispations ; les boutons floraux ne s'épanouissent pas. Il résiste aux acaricides sauf : Endosulfan, Dicofol, Aldicarbe.

Maladies

Botrytis cinerea : provoque la Moisissure grise et *tache les fleurs* et les bourgeons (peut même les faire pourrir). Lutte : agir sur la température et l'humidité (ventilation et aération des châssis et serres) ; arrosages des substrats ou traitement des mélanges terreux avec Zinèbe ; fongicides de synthèses : Vinchlozoline, Iprodione...

Cylindrocarpon radicicola : champignon du sol ; attaque les racines, les tubercules et la base des pétioles. A la différence de la Bactériose, provoque la *chute des feuilles,* sans *flétrissement* ni jaunissement.

Thielaviopsis basicola : appartenant également à la flore du sol ; contamine uniquement les racines qui pourrissent. La plante *jaunit* et *flétrit* (sans le caractère foudroyant de l'Erwinia que l'on rencontre parfois). Lutte : Bénomyl a donné de bons résultats mais étant donné les risques de *résistance,* éviter un emploi abusif.

Fusarium oxysporum* f. sp. *cyclaminis : (très dangereux) ; atteint les plantes adultes (6 à 7 mois). Décoloration au niveau du point d'insertion du pétiole sur le limbe. Les feuilles s'enroulent et pendent; toute la plante s'affaisse. Lutte : destruction totale des malades, non réutilisation des substrats, des pots; désinfection complète. La lutte chimique peut être tentée (Bénomyl en arrosage); attendre plusieurs années avant de recultiver du Cyclamen.

Erwinia carotovora (Bactériose) : flétrissement, taches huileuses, pourriture molle. Lutte : précautions sanitaires, désinfections...

COMMERCIALISATION ET UTILISATION

Potées fleuries à réserver aux locaux les moins chauffés.
Fleurs coupées : très bonne tenue en vase (2 à 3 semaines en moyenne); le pédoncule est fendu longitudinalement « en boutonnière » sur 1 à 2 cm après récolte.

Gloxinia

Sinningia — Gesnériacées

On cultive deux types :
Gloxinia tubéreux (issus de *G. speciosa,* type Erecta); ex. : 'Empereur Frédéric', rouge, bordé de blanc.
Et surtout **Gloxinia de semis** (issus de *G. barbata)* : types divers (Keller, compact, florifère et à feuillage souple) et hybrides F1 (très précoces, feuillage peu développé; ex. : 'Dragons', 'Royauté'... ; coloris rouge, rose, bleu, blanc...).
Originaires de la forêt brésilienne.
Plantes de jours longs.

MULTIPLICATION

Multiplication végétative (peu pratiquée)

De décembre à mars, les tubercules sont mis en végétation (cf. Dahlia, Bégonia tubéreux) en serres à 20 °C, sur tourbe, terre de bruyère, perlite.

Semis (1 g = 10 000 graines)

De septembre à mars, pour échelonner les floraisons :
Technique identique à celle employée pour la multiplication des Bégonias à massifs = 1/10 de gramme par terrine ou caissette, sans recouvrir les graines, la lumière étant favorable à la germination.

Premier repiquage en caissettes.

Substrat : terreau de feuilles finement tamisé ou T.K.S. 1.
Température : 20 à 25 °C, avec H.R. élevée : 90 %.
La levée s'effectue en 15 à 20 jours.

Bouturage (peu pratiqué)

Même technique que celle appliquée au *Begonia × rex* (boutures de feuilles ou de tronçons de feuilles).

Culture in vitro

La micropropagation *in vitro* en est à ses débuts.

CULTURES

A partir des tubercules

Empotage en 13-14.
En serre tempérée (18 °C), la floraison se produit d'avril à septembre.

A partir du semis

La culture est identique à celle du Bégonia à massifs :
Premier repiquage : 3 à 4 semaines après la levée, à 2 × 2 cm ; température 20 °C.

Serre de culture 4 mois après le semis.

Serre de culture à la floraison : belle homogénéité de différents clones.

Deuxième repiquage : un mois après, à 5 × 5 cm (plants à 2/4 feuilles). On peut ne faire qu'un seul repiquage intermédiaire. *Rempotage* en 12 ou 14, un ou deux mois après. Température : 16 à 18 °C.

A partir de boutures ou de vitroplants

Rempotage en 12/13 et culture identique à celle pratiquée à partir du semis.

Substrats (pH : 5,5 à 6).

Quelques exemples :

3/4 terreau de feuilles ;
1/4 terre de bruyère (ou tourbe) ;
sable.

ou bien :
3/4 tourbe ;
1/4 terre de bruyère.
Ajouter à la 2e formule du calcaire broyé pour ajuster le pH et, éventuellement, 1 à 2 kg d'un engrais complet (équilibre 1-0,6-1).
A noter que les **tourbes enrichies** sont également très fréquemment employées.

Fertilisation (groupe II de Penningsfeld)

Eviter l'excès d'azote qui provoque le développement excessif du feuillage et une mauvaise mise à fleurs. Doses : 1 g/l d'un engrais soluble tous les 10 jours (équilibres 1-0,6-1 en début de culture et 1-0,5-2 au moment de la formation des boutons floraux).

Soins culturaux

Respecter les exigences climatiques naturelles de la plante à savoir : H.R. : 80 à 90 % et ombrage en période estivale (50 %)
Par contre, pour stimuler la croissance et obtenir une floraison plus précoce, un éclairage d'appoint (irradiation) peut être appliqué après la levée et pendant un à deux mois : apporter 1 000 lux au minimum (tubes fluorescents de 60 à 80 W disposés à 1 m au-dessus des feuilles) de 16 à 24 heures.
Arrosages fréquents à l'eau réchauffée à 20 °C.

Durée de la culture : 4 à 6 mois à partir du semis.

ENNEMIS

On retrouve ceux du Cyclamen, à savoir :
Phytophthora (redoutable), peut occasionner des pertes importantes ; lutte : Etridiazole, Ethylphosphite...
Botrytis (en fin d'été) ; lutte : Iprodione, Vinchlozoline.
Tarsonème ; lutte : Endosulfan.
auxquels il faut ajouter les Anguillules des feuilles (désinfecter soigneusement les substrats de culture).

COMMERCIALISATION ET UTILISATION

Très belles potées fleuries dont le transport est délicat étant donné la fragilité des feuilles ; les types nouveaux (F1) ont permis de réduire en partie cet inconvénient.

Streptocarpus x

Gesnériacées

Plante de plus en plus cultivée pour les raisons suivantes :
Faible exigence en température.
Nouveaux hybrides très florifères, à feuillage compact et à coloris vifs et variés (blanc, bleu, rose, rouge...).
Multiplication végétative par bouturage et surtout par **micropropagation *in vitro*.**

Originaire d'Afrique du Sud et de Madagascar où il croît à mi-ombre.

A noter qu'un hybride intergénérique a été réalisé en croisant *Gloxinia* et *Streptocarpus ;* il existe un cultivar ('Diégo') à fleurs roses et à morphologie intermédiaire entre les 2 genres.

MULTIPLICATION

Semis (50 000 graines/gramme ; il existe des hybrides F1).
S'effectue de façon semblable au *Gloxinia.* Quelques différences : la température est un peu plus basse (21/22 °C) et il faut appliquer un ombrage léger.

Bouturage

Technique très employée ; on réalise des boutures de demi-feuilles sectionnées le long de la nervure principale ou bien des tronçons de limbes.
Température : 20 à 22 °C ; substrat à base de tourbe.
Enracinement en 3 à 4 semaines ; les jeunes plants peuvent être séparés au bout de 3 mois (20 à 30 par feuille).
Epoque : pratiquement toute l'année (en juin pour floraison en fin d'hiver).

Micropropagation in vitro

Technique nouvelle dont l'intérêt est semblable à celui dont nous avons parlé au chapitre *Saintpaulia.*

CULTURE

Empotage des plants en pots de 11/13 cm, dans un substrat léger et bien drainé (voir *Saintpaulia, Gloxinia...).*

Multiplication du *Streptocarpus* par bouturage de demi-feuille.

Fertilisation à concentration assez faible : 0,5 à 1 g/litre, chaque semaine ; équilibre : 1-0,7-1.

Température : 15/16 °C avec H.R. : 60 à 70 %.

Ombrage en été : 40 à 50 %.

La floraison naturelle a lieu au printemps mais les nouveaux hybrides fleurissent beaucoup plus tôt.

Durées de culture

A partir du semis : 4 à 6 mois.
A partir de boutures : 7 à 8 mois.
A partir de vitroplants : 3 à 4 mois.

ENNEMIS

Ravageurs : voir *Saintpaulia.*

Maladies : *Oïdium, Botrytis* et parfois *Phytophthora* et *Cylindrocarpon ;* utiliser des substrats neufs et sains et — éventuellement — des vitroplants.

UTILISATION

Plante très résistante en intérieurs.

Hippeastrum hybrides

Amaryllis — Amaryllidacées

Gros bulbe tuniqué. Fleurs de grande taille (plus de 10 cm de diamètre), portées par un pédoncule de 50 à 80 cm. Coloris vifs : rouge, rose ; ex. : 'Red Lion', 'Appelbloesem'...
Floraison normale en juin en plein air. Cultivé en serre pour le *forçage :* floraison *hivernale.*

MULTIPLICATION

S'effectue par récolte de *caïeux* (cf. Tulipe) ; cultivés 2 ou 3 ans pour être commercialisés.

CULTURE

Période « active » : forçage

Les bulbes sont placés en pots de 14 et plus, au 1/3 de leur hauteur ; époque : décembre à janvier.
Substrats : 1/3 terre de jardin,
1/3 terreau de feuilles,
1/3 fumier bien décomposé,
ou bien : tourbe enrichie.
Le forçage est réalisé en serre chaude (20 à 22 °C).
Floraison : après 40 à 60 jours.

Présentation d'*Hippeastrum* forcés aux Floralies de Paris.

Après la floraison

Plantation des bulbes en plein air, en planches. Arrosages copieux.

Période de repos

Rentrée des bulbes en *serre froide* en octobre (placés sous les tablettes par exemple). Cesser les arrosages pour accélérer la chute des feuilles et la mise en repos de végétation.

COMMERCIALISATION ET UTILISATION

Potées fleuries et fleurs coupées (bien tuteurer les fleurs et couper les étamines pour éviter la chute du pollen sur les pétales et... le mobilier).

Caladium hybrides

C. du Brésil — Aracées

Cette plante, jadis de collection, fait partie maintenant de l'assortiment commercial.
Originaire d'Amérique du Sud (régions tropicales : Brésil, Amazonie...). Remarquable par ses feuilles à longs pétioles dont le limbe sagitté porte des couleurs très vives (d'où le nom de « palette de peintre ») : blanc, vert, rose, rouge... Tubercule piriforme.

MULTIPLICATION

C'est une spécialité de certains producteurs de Floride, Côte-d'Ivoire. La division du tubercule est possible.

CULTURE

Très voisine de celle du Gloxinia tubéreux ou de l'Hippeastrum pour le forçage.

Empotage en pots de 14 à 18 à partir de février.

Forçage en serre chaude.

Substrat : terreau de feuilles (1/3) + tourbe blonde (1/3) + terre de bruyère (1/3) + engrais organique ; pH voisin de 6.

ENNEMIS

Pourritures du tubercule dues à *Fusarium* et *Pectobacterium* principalement. Utiliser des tubercules sains et les désinfecter avant forçage.

COMMERCIALISATION ET UTILISATION

Vente d'avril à juin. Maintenir le substrat très humide (placer le pot dans une soucoupe pleine d'eau).

***Caladium* X 'Candidum' forcé en serres.**

Zantedeschia

Richardia = « Arum » — Aracées

Il s'agit de *Z. africana* ou « Arum blanc ». Plante à rhizome dont les inflorescences blanches sont utilisées comme fleurs coupées.

MULTIPLICATION ET CULTURE

Division de rhizomes (cf. Iris des jardins) en juillet-août. Plantation en serre tempérée (ou froide) en août ou rempotage en pots de grand volume (container par ex.) pour les régions à climat moyen.

Sol ou substrat riche en matière organique (amender en tourbe et en fumier bien décomposé ou de préférence *engrais organique* ou à action lente).

Floraison : janvier à mars (à partir de décembre sur la Côte d'Azur), pour les cultures abritées.

ENNEMIS

Essentiellement *Erwinia aroïdeae* (maladie bactérienne) provoquant la pourriture du rhizome (laisser sécher la plaie de coupe après division, traiter par trempage - cf. *Caladium*).

Cultures d'*Arum* (1er plan) et de fleurettes, en terrasses, près de Carqueirane (Var).

Hortensia 'Merveille' traditionnel à sa sortie de chambre frigorifique et avant la rentrée en serres. Noter les deux opérations ayant permis d'obtenir une plante à 8 branches : la taille de janvier a provoqué le départ de 2 rameaux qui ont été pincés en juin au-dessus de 2 paires de feuilles.

ı haut : Azalée forcée :
ante obtenue par greffage;
culture a duré au minimum 2 ans.
ts Camuflor, Angers.)

-dessus : Apparition d'une mutation rose
« sport ») sur 'Inga',
ıltivar « miniature ».

Cyclamen persicum (= l'espèce type); de nombreuses fleurs ont été fécondées. Au second plan : les types cultivés actuellement. (Ets Morel, Fréjus.)

Fruits du Cyclamen : capsules contenant une vingtaine de graines.

Chrysanthème traditionnel
de Toussaint :
'Ami Colin'
(Sport de 'Siroco').

Chrysanthème « dirigé
'Yellow Spider';
potée élégante
pour décoration
des intérieurs.

Chrysanthème « dirigé
'Winner Pink',
à capitules moyens,
bien adapté
pour la production
de fleurs coupées.

Chrysanthèmes
« cascades »
au parc floral
d'Orléans-la-Source,
en automne.

Culture hydroponique
(procédé LUWASA) : plantes élevées
en pots de polystyrène,
fendus à la base, remplis d'argile expansée
et disposés sur tablettes étanches
dans une solution nutritive.
(Ets Clause, Les Brûlins.)

Zygocactus truncatus
est une plante de jours courts.
Cette bouture, faite en décembre,
porte un bouton à fleur;
pour empêcher l'initiation florale,
il aurait fallu placer la bouture
en régime photopériodique
de jours longs
(16 heures de jour + 8 heures de nuit).

Traitement à l'éthrel
des *Vriesia splendens*
pour provoquer l'induction florale.
(Sté Richard, Champigné.)

Culture de
Sansevieria trifasciata var. *laurentii*
en Côte-d'Ivoire :
production de drageons
qui seront expédiés en Europe
par avion.

Greffe en écusson de Rosiers (fleur coupée) sur 'Indica' bouturé en containers spéciaux (plantubes). (Ets Meilland, Le Cannet.)

« Mini-roses » : 'Belinda', 'Mercedes', 'Evergold'.

« Grandes roses » : 'Visa' et 'Sonia'. (Coll. E.N.I.T.H.)

Boutures de Gerberas prélevées sur pieds-mères avant leur plaçage en tablettes à multiplication pour la production de plants. (Ets Barberet & Blanc, La Londe-des-Maures.)

Serre de production d'Œillets américains dans le Var.

Cinéraire et Calcéolaire hybrides

Senecio × cruentus et *Calceolaria hybrida* — Composées et Scrofulariacées.

Ces deux plantes étant cultivées de manière très comparable, nous les avons regroupées. Très connues et très commerciales, elles peuvent être brièvement présentées comme suit.

	Cinéraires	Calcéolaires
Origine	Méditerranée (îles Canaries).	Régions tempérées d'Amérique du Sud.
Caractéristiques	Feuilles larges et duveteuses. Inflorescence en corymbe de capitules. Coloris : variés et vifs.	Feuilles molles et duveteuses. Fleurs particulières en « gousset ». Coloris : jaunes, rouges, blancs et « tigrés ».
Races	Elevées à grandes fleurs (40 cm). Multiflores (les plus intéressantes) : naines et très naines (20 cm, à *petites feuilles*) ; ex : types Morel, Moll. Hybrides F1. Ne pas confondre avec : Cinéraire maritime, plante à massif.	A grandes fleurs (40 cm). Nains multiflores (20 cm). Hybrides F1 (20 cm) ; ex : Melody. Ne pas confondre avec : Calcéolaire à feuilles rugueuses, plante à massifs.

MULTIPLICATION

Pour les deux plantes, elle s'effectue par semis en serre froide ombrée.

Epoques : juillet-août (pour l'échelonnement des floraisons).

En terrines, caissettes ou en bâches (pour les Cinéraires). A noter : 1 g de graines contient : 20 à 30 000 graines de Calcéolaire, 4 000 graines de Cinéraire.

L'amélioration génétique des Calcéolaires (photo de gauche) et Cinéraires (photo de droite) porte sur la mise Plant prêt pour la vente.

Culture de Cinéraires en serre froide, « au sol ».

Substrat : terreau de feuilles. (Ne pas enterrer les graines de Calcéolaires ; recouvrir légèrement celles de Cinéraire.)
La levée a lieu en 8 à 10 jours, à 18/20 °C.

CULTURE

Elle s'effectue en *serre froide* et dure 8 à 9 mois (5 à 6 mois pour les Calcéolaires F1).

Repiquage

En terrines ou caissettes (en bâches ou en godets de 7 pour les Cinéraires), au stade 3 feuilles, c'est-à-dire 4 à 6 semaines après le semis et à 4 × 4 cm.

Substrat : identique au semis.

Rempotages

Le premier en godets de 7-8, en octobre, sous châssis froid, bien aérés, ou en serre froide (Calcéolaires). Température optimale (pour la formation des boutons floraux) : 10 °C.

Le second en pots de 12-14 en novembre-décembre pour les Cinéraires, un peu plus tard pour les Calcéolaires. Culture en serre froide (ne pas dépasser 15 °C).

Substrat : pH = 6 à 6,5.

Ex. : terre franche 1/3,
terreau de feuilles 2/3,
sable,
ou bien T.K.S. 2 (pour les Calcéolaires).

Fertilisation

Plantes exigeantes en élements fertilisants ; insister sur les apports de N et K_2O ; les carences se traduisent par un jaunissement du feuillage. Apports d'engrais complets (ou organiques) dans le substrat : 4 kg/m^3 d'un engrais d'équilibre 1-0,5-1 (pour les Cinéraires).
En cours de végétation : engrais solubles d'équilibre 1-0,5-2, à la dose de 1 g/l, tous les 15 à 20 jours et à raison de 100 à 200 cm^3/pot.

Soins culturaux

Maintenir les substrats humides. Ombrer en cas de forte insolation et bien aérer les serres (lutte contre les maladies).

Floraison

En général de mars (Pâques) à mai (Cinéraires) et de mars à juin — fête des Mères — (Calcéolaires).

ENNEMIS

Ravageurs

Pucerons, Thrips et Aleurodes *très fréquents;* lutte : pulvérisations ou fumigations de Parathion, Sulfotep, Méthomyl...

Maladies

Bremia lactucae (= « Meunier ») très grave : lutte : Manèbe, Zinèbe...

Oïdium (« Blanc »); lutte : Dinocap, Triforine, Bupirimate...

Verticilliose - Alternariose. Désinfecter les substrats.

COMMERCIALISATION ET UTILISATION

Potées fleuries pour l'appartement et les décorations funéraires (Cinéraires). Ces derniers sont plantés en massifs dans le Midi pour les décorations printanières. Les Calcéolaires doivent être réservées aux pièces les moins chauffées et les plus claires.

Primevère

Primula — Primulacées.

En culture on rencontre trois espèces : *P. obconica* - *P. malacoïdes* et *P. vulgaris* (= *P. acaulis,* nom le plus souvent employé et que nous conservons dans notre texte).

P. obconica

Originaire de Chine, non rustique sous climat moyen. Feuilles en rosettes, longs pétioles; fleurs groupées en *ombelle terminale.* Très nombreux types et cv.; ex : 'Habit Rouge', 'Pallas', 'Carmen' (rouge); 'Fleur de Pommier', 'Reine Abricot' (saumon); 'Saturne', 'Samba' (F1), 'Juno' (F1) (bleu); 'Mont Blanc', 'Agathe' (rose, blanc et rose vif)...

P. acaulis

Indigène, rustique. Feuilles en rosettes, pétioles courts; fleurs *solitaires* mais groupées au centre du feuillage.
Nombreux cv. et F1 ; tous coloris très vifs (dont jaune, bleu vif, rose...).

P. malacoïdes

Originaire de Chine. Se différencie de *P. obconica* par son feuillage denté et ses fleurs en *ombelles superposées.* Coloris rose, rose vif et blanc.

Ces 3 espèces sont des plantes de *sous-bois frais.*

MULTIPLICATION

Par semis (1 g = 1 000 graines de *P. acaulis,* 5 000 graines environ de *P. obconica* et *P. malacoïdes*), sans recouvrir les graines.

Epoques : pratiquement toute l'année mais de préférence de *février à octobre* pour une floraison échelonnée *d'octobre à juin;* les spécialistes de cette production sèment toute l'année.

Température : 15 à 20 °C.

H.R. : 90 %.

Repiquage en plaques alvéolées (3 plants).

Plant prêt pour la vente.

Substrat : terreau léger, désinfecté ou tourbe enrichie (T.K.S. 1) recouvert d'une plaque de verre. La levée a lieu en 2 à 3 semaines (faculté germinative inférieure à *un an).*

CULTURE

Elle s'effectue en serre froide (ou bien exceptionnellement sous châssis en services d'espaces verts des villes). Durée de la culture : 6 à 8 mois pour *P. obconica* et *P. malacoïdes* dont nous traitons la production.

Repiquage

Quatre à six semaines après le semis, à 2 ou 3 feuilles.
En caissettes (2 × 3 cm), ou en plaques de multipots, ou sur tablettes, ou en plaque de polystyrène (3 par cavité de 8) ou en **godets-paniers,** chez les spécialistes : on repique 3 plants par contenant et la vente s'effectue sous cette forme.
Température : 18 °C en moyenne.

Rempotage

On ne pratique généralement plus qu'**un empotage** en pots de 11/12, à la réception des plants qui sont livrés 2 à 3 mois après leur repiquage.

Au cas où la culture se fait dans le même établissement, on peut faire encore deux rempotages : le premier en 8 (4 à 5 semaines après le repiquage) et le second en 11/12 (1 mois 1/2 à 2 mois après).

Substrats : pH voisin de 7.

Si l'on utilise encore dans certains établissements des mélanges tels que 2/3 de terre de jardin, 1/3 de terreau de feuilles (et sable), la tendance est également à la simplification des substrats (mélanges prêts à l'emploi) ; veiller à contrôler leur pH très régulièrement.

Fertilisation

Les Primula sont classées dans le groupe I de Penningsfeld ; les exportations (en mg/plante) pour une durée de 6 à 7 mois sont :

N	P_2O_5	K_2O	MgO	CaO
117	38	228	40	117

ce qui donne l'équilibre : 1-0,3-1,8.

Fumure de fond (éventuellement) : 2 à 3 kg d'engrais organique par mètre cube (corne, poudre d'os...) ou d'engrais à « action lente » (1,5 kg/m^3).

Fumure d'entretien : avec engrais soluble (formule 17-9-30 par ex.) à la dose de 1 g/l toutes les semaines (250 cm^3/pot). La fertilisation de « type Coïc » neutrophile est particulièrement recommandée pour cette culture.

Les Primevères présentent fréquemment des symptômes de **chloroses** qui peuvent être dues à des carences en K_2O (jaunissement du bord des feuilles) ou en fer (jaunissement généralisé) ou en Mg (plantes plus ou moins rabougries). On peut pallier ces carences par une fertilisation plus riche en K_2O, des apports de fer (chélates) ou de magnésie (1 kg de $Mg\ SO_4$).

Serre moderne de production de plants sur tablettes roulantes.

Soins culturaux

Maintenir une température assez basse, de l'ordre de 12 °C de nuit et 15 °C de jour; relever un peu la température (14-15 °C de nuit) un mois avant la date de floraison afin de mieux la contrôler.

Ombrer à tous les stades de culture et en particulier de mai à septembre (optimum : 5000 lux); aérer le plus possible. Arroser et bassiner régulièrement pour éviter tout à-coup de culture.

Précaution importante : manipuler les plants soigneusement afin de ne pas blesser les racines, denses et très fines; ne pas enterrer la rosette de feuilles et tasser légèrement le substrat : on diminue ainsi les risques de *pourritures* dues au *Thielaviopsis*.

On constate parfois, chez certaines personnes, *des réactions allergiques* au contact des plantes : rougissement des mains et du visage qu'il est toutefois possible de bien soigner.

ENNEMIS

Ravageurs

Pucerons - Aleurodes - Limaces (jeunes plants).

Maladies

Botrytis cinerea (pourriture grise, très dangereuse); lutte : Iprodione...

Thielaviopsis basicola (pourriture des racines et du collet); lutte : substrats désinfectés; Bénomyl, Iprodione, Vinchlozoline...

Ramularia primulae (taches brunes sur feuilles); lutte : zinèbe...

COMMERCIALISATION ET UTILISATION

Potées fleuries : floraison de longue durée. Massifs printaniers dans le Midi (*P. acaulis, P. malacoïdes*).

Anthurium

Aracées

Plantes épiphytes (vivant sur d'autres plantes qui leur servent de « support ») : à retenir pour la culture (cf. certaines Fougères, Broméliacées, Orchidacées...).

Originaires d'Amérique tropicale comme de nombreuses autres Aracées (Philodendron...).

Certaines espèces sont décoratives par leur feuillage (*A. crystallinum, A. veitchii, A. warocqueanum...*) à belles nervures blanches.

On cultive deux espèces à fleurs décoratives (et de nombreux hybrides) :

A. scherzerianum	*A. andreanum*
Acaule Feuilles lancéolées Inflorescence : spathe plane, spadice *spiralé*	« Tige » de 30 à 80 cm Feuilles cordiformes Inflorescence : spathe plane, spadice *droit*

Fécondation artificielle aisée. Floraison hivernale et printanière.

Culture d'*A. scherzerianum* en bâches chauffées dans le sol par circulation d'eau chaude.

MULTIPLICATION

Par semis (le plus employé par les spécialistes).

Effectué dès la maturité des baies (8 à 9 mois après fécondation), la faculté germinative ne dépassant pas une semaine (2 à 3 graines par baie). Levée en 6 à 10 jours.
Température : 25 à 30 °C; **H.R.** : 90 à 100 %.
Substrats : tourbe (ou sphagnum, de plus en plus rarement).

Par division de touffes *(A. scherzerianum) ou* **bouturage** (tronçons de tiges) et **marcottage aérien** *(A. andreanum).*

CULTURES

Elles se réalisent en *serres chaudes* (18 °C de nuit).

A. scherzerianum

Cultivés généralement en pots mais parfois en bâches ou sur tablettes.
Premier repiquage : 3 à 4 mois après le semis, à trois feuilles.
Deuxième repiquage : 2 à 3 mois après, mais ici à nouveau on tend à n'en faire *qu'un seul.*
Premier rempotage : 4 à 6 mois après, en godet de 8 (en groupant parfois trois plants).
Deuxième rempotage : 4 à 6 mois après en pots de 12 à 14.

Substrats (pH = 5 à 6). Pour ces plantes épiphytes, on recherche un substrat léger, poreux et se laissant facilement *pénétrer* par les racines.
Ex. : tourbe + « sapinette » (pour les jeunes plants);
tourbe (2/3) + terreau de feuilles 1/3) + sable ou polystyrène expansé; tourbe blonde (2/3) + laine de roche (1/3).
Le surfaçage avec sphagnum est de moins en moins pratiqué; le pH est ajusté par apport de calcaire broyé.

Floraison : elle se produit à partir du 16-20ᵉ mois et peut être provoquée en appliquant le régime thermopériodique suivant :
— 12 à 15 °C pendant 6 semaines (induction florale);
— puis 18 à 22 °C, avec H.R. voisine de 80 %; les plantes sont commercialisables 2 à 3 mois après le début du traitement (possibilité de « culture dirigée »).

A. andreanum

Conduite de la culture identique; cependant, compte tenu de la vigueur plus importante des plantes et de leur production de *fleur coupée,* elle s'effectue en *bâches* ou en paniers grillagés de grandes dimensions.

Fertilisation (pour les deux espèces) :
Groupe I de Penningsfeld : apports d'engrais solubles d'équilibre 1-0,8-1 (ne pas dépasser 1 ‰ à partir du rempotage et surtout en période de végétation active).

Soins culturaux (pour les deux espèces) :
Ombrage (laissant passer 75 % de la lumière) d'avril à septembre, réalisé de préférence à l'aide de toiles mobiles.
Arrosages et bassinages fréquents.

ENNEMIS

En général peu fréquents : Aleurodes, Pucerons. La pourriture des racines est due en général à un mauvais drainage : placer une couche de déchets de poteries au fond des contenants; surveiller le développement éventuel de *Pythium* ou de *Phytophthora.*

COMMERCIALISATION ET UTILISATION

Potées fleuries *(A. scherzerianum).*
Fleurs coupées *(A. andreanum* surtout) : à conditionner avec soin (cf. Gerbera); excellente tenue en vases. (Cultures en plein air en voie de développement en Côte-d'Ivoire, aux Antilles, etc.).

Saintpaulia

Saintpaulia ionantha — Gesnériacées

Appelé couramment « Violettes d'Afrique » ou « V. d'Usambara », le Saintpaulia connaît un essor commercial très important en France et en Europe; c'est le type même de la plante correspondant à l'« achat pour soi ».

Origine : Afrique orientale (Tanzanie) en sous-bois rocailleux, à mi-ombre et sur sols grossiers et acides; climat : température maxi. : 28 °C, mini : 24 °C, avec pluviométrie de 1 000 mm/an.

Morphologie : plante acaule (« en rosette »), à feuilles longuement pétiolées (cassantes); inflorescence en cyme avec 3 à 6 fleurs zygomorphes; système racinaire fasciculé, dense et fin.

Types principaux : Rhapsodie, Diana et Ballet avec de nombreux cultivars (dénommés ou non).
Tous coloris (et même « panachés »); le bleu est le plus demandé (60 %) devant le rose (20 %)...

Physiologie : indifférent au photopériodisme, mais la floraison est accélérée par un apport de lumière complémentaire (3 000 lux pendant 8 heures de nuit en hiver).

Importance économique : 5 millions en France (21 millions aux Pays-Bas et 25 millions en R.F.A.).

MULTIPLICATION

Trois procédés peuvent être pratiqués : semis, bouturage et micropropagation *in vitro.*

Semis (voir Gloxinia) : peu pratiqué.

Bouturage

A partir de feuilles assez jeunes (avec 1 à 2 cm de pétiole),

Bouturage traditionnel du Saintpaulia

Bouturage dans les alvéoles d'une plaque de polystyrène.

Jeunes plants deux mois après.

Nouvelles techniques appliquées à la production du Saintpaulia

Repiquage des vitroplants livrés en bocaux, avant leur acclimatation en serre.

Rempotage en plaques multipots et culture sur nappe (sub-irrigation).

Culture moderne sur tablettes avec solution nutritive.

Influence du CO_2 (1 200 à 1 500 ppm pendant 5 h/jour) : la floraison est groupée, plus précoce et le feuillage vert foncé (le témoin est à gauche). Travaux de recherche R. Augé, H. Vidalie et Coll.

en caissettes ou en plaques de polystyrène, sur tourbe (et sable ou polystyrène ou perlite...), à 22/25 °C, avec H.R. élevée (90 %). Enracinement en 3 semaines et développement des jeunes pousses en 4 à 5 semaines.

Micropropagation in vitro

Technique récente qui a débuté au plan industriel il y a un peu plus de 4 ans ; actuellement, elle représente près de 80 % de la production de plants.
Avantages : grande vitesse de multiplication et excellent état sanitaire.

CULTURES

A partir du bouturage

Quatre à six semaines après le bouturage, on pratique le sevrage : la feuille-mère est supprimée. La touffe de plants est divisée : une bouture donne en général 2 à 4 plants.
Le repiquage des jeunes plants s'effectue en caissettes *(vente possible sous cette forme)* ou en plaques de culture. L'empotage a lieu 6 semaines après, en pots de 9 à 11, traditionnels ou, de plus en plus, en plastique de belle présentation (couleur terre cuite, aspect grenu).
Distançages : 5 à 6 semaines après à 24 pots de 11/m^2 ou 36 pots de 9/m^2.

La vente de potées fleuries a lieu 3 à 4 mois après l'empotage (la **durée de culture est très variable** selon la qualité désirée, c'est-à-dire la grosseur des plantes et l'importance de la floraison).

A partir de la micropropagation

Les plants issus du laboratoire sont vendus en bocaux de verre ou en boîtes de polypropylène ; leur acclimatation (passage *in vitro - in vivo)* se fait généralement chez des horticulteurs spécialistes. A partir des jeunes plants acclimatés, la culture est identique à celle décrite plus haut ; d'où le tableau comparatif ci-contre.

Substrats (pH : 6 à 6,5)

Le contrôle du pH est important : s'il est trop acide la croissance est ralentie et les plantes se développent mal (port rabougri).
Qualités des substrats : poreux, assez grossiers, peu tassés ; exemple de substrat traditionnel : 1/2 tourbe blonde + 1/3 terreau de feuilles + 1/3 terre de bruyère (avec sable ou polystyrène...) ; cependant la tourbe blonde pure (avec sable...) ou les mélanges prêts à l'emploi (T.K.S. 2 par ex.) sont les plus utilisés. Leur pH est remonté par apport de $CaCO_3$ (3 à 4 kg/m^3).

Fertilisation (groupe II de Penningsfeld)

Exportations (en mg/plante) pour 7 mois de culture :

N	P_2O_5	K_2O	MgO	CaO
139	70	220	36	145

(équilibre : 1-0,5-1,5).

Multiplication

Traditionnelle		*in vitro*
	1 feuille	
1 bouture ←		→ ≃ 5 tronçons de pétiole
↓		↓
3 plants		≃ 5 × 12 bourgeons
		↓
		60 plants

Culture

Temps (en semaines)	*Traditionnelle*	*A partir d'in vitro*
0	Bouturage	Réception des bocaux Division des plants et repiquage
4/6	Sevrage	
10		Empotage
12	Division-Repiquage	
15		Distançage
18	Empotage	
23	Distançage	
28		Vente (7/8 mois)
32	Vente (8/9 mois)	

Cultures du Saintpaulia

La **fumure de fond** n'est plus (ou peu) pratiquée ; par contre, la **fumure d'entretien** est très suivie : arrosages fertilisants avec engrais solubles (de type 18-6-28 par ex.), à la dose de 1 g/litre et à raison de 100 cm^3 par apport, tous les 7 à 10 jours. Un apport complémentaire de **potasse** avant la floraison améliore sa qualité. (A noter : plante **sensible** aux ions NH_4^+ ; utiliser les nitrates).

Opérations et soins culturaux

Température : 20 °C (en moyenne) aussi bien pour l'air que le substrat et l'eau d'arrosage (ou de fertilisation); si l'on arrose avec de l'eau « froide » (< 15 °C), des taches blanches se forment sur les feuilles et elles se recroquevillent. Une diminution de la température de l'air de 1 à 2 °C peut retarder la floraison (plusieurs jours) et diminuer le nombre des fleurs.
H.R. : 70 à 80 % (minimum), en particulier pour les jeunes plants issu d'*in vitro*.
Ombrage : d'avril à septembre (80 %) ; serres très claires en hiver (optimum : 5 à 10000 lux).
Arrosages : réguliers mais sans excès (1 fois par semaine) afin d'éviter l'asphyxie racinaire.
CO_2 : nous avons montré qu'un apport effectué de 8 heures à 13 heures, pendant 2 mois, à 1 200/1 500 ppm, augmente la précocité (6 à 10 jours), provoque une floraison très groupée et agit sur la qualité du feuillage (belle rosette compacte et vert franc).

La **suppression éventuelle** des premières fleurs permet de favoriser une floraison plus groupée.

La culture du Saintpaulia se conduit sur tablettes; les pots sont enfoncés dans un lit de tourbe ou *plus souvent* placés sur nappe de subirrigation ou sur tablettes spéciales avec solution nutritive imprégnant le fond des pots.

ENNEMIS

Ravageurs

Tarsonème (voir Cyclamen).
Anguillules : très rares actuellement (lutte : Aldicarbe).

Maladies : les plus fréquentes et les plus graves

Oïdium *(Erysiphe polyphaga)* : sur fleurs lorsque l'H.R. est trop basse; lutte : maîtrise du conditionnement des serres; « lampes » à soufre, Triforine...
Botrytis cinerea; lutte : Bénomyl et surtout : Vinchlozoline et Iprodione.
Phytophthora nicotianae : (à redouter !) pourriture et flétrissement; lutte : Furalaxyl, Prothiocarbe...
Erwinia chrysanthemi : pourriture des plantes; la lutte contre cette bactérie est basée sur le principe de la *sélection sanitaire* des pieds-mères (cf. Pélargonium); la mise en évidence de la bactérie est faite par la méthode d'isolement.

Depuis quelques années, la pratique de la **culture *in vitro*** constitue un filtre sanitaire très efficace à l'égard des 2 principales maladies : *Phytophthora* et *Erwinia...* ce qui explique le **développement aussi rapide** de cette technique de production des plants.

COMMERCIALISATION ET UTILISATION

Emballage soigné (cornets de papier).
Utilisations variées; le Saintpaulia est résistant à condition d'être exposé à la lumière (pièces très claires; température : 18 °C).
En composition florale on l'associe fréquemment avec de petites Fougères.

B — CULTURES DIRIGÉES

Bégonia

Begonia × elatior ou B × hiemalis - Bégoniacées.

Nous avons affaire ici aux Bégonias à fleurs de serres qui ont été d'abord très cultivés en Europe du Nord et en Scandinavie avant de devenir une importante production en France depuis une vingtaine d'années.

Les Bégonias modernes sont issus d'un croisement entre *B. socotrana* (originaire de la Mer Rouge, à floraison hivernale et à petites fleurs rose vif) et *B. × tuberhybrida* ou Bégonias tubéreux des jardins (originaires d'Amérique du Sud, à floraison estivale et à grandes fleurs aux coloris vifs). Depuis 1955, O. Rieger, horticulteur allemand, a créé un assortiment de cultivars très riche... d'où le nom de **Bégonias « Rieger »**.
Avantages : coloris variés, vifs, modernes; floraison abondante et de longue durée; croissance rapide; meilleure résistance à certaines maladies *(Oïdium)*, très bonne tenue en intérieurs.

Principaux cultivars (pour l'Europe)

A développement normal :

Fleurs simples : 'Schwabenland', feuillage vert, fleur rouge, orange, jaune, blanc ; 'Krefeld', feuillage pourpre, fleur rouge, rose ; 'Aurore' (rose) ; 'Aïda' (bicolore orange et blanc)...

Fleurs doubles : 'Aphrodite' (rose vif, rose, blanc) ; 'Toran' (orange) ; 'Tacora' (rouge) ; 'Baluga' (jaune orangé)...

A petit développement, ou miniatures : 'Anita' (rouge, rose, blanc) ; 'Elfe' (rose)...

En Europe du Nord et dans les pays scandinaves, on cultive le « Bégonia de Noël » dérivant de *B. × cheimantha* (dont fait partie le très ancien 'Gloire de Lorraine'), à port plus ou moins retombant du type 'Marina', 'Nordlys'...

Caractéristiques importantes

Plantes nyctipériodiques (ou de jours courts) *préférentes ;* certains cultivars ont un régime photopériodique normal de 14/10 h, d'autres sont pratiquement indifférents : 12/12 h.
Assez exigeants en température.
Culture en plein essor.

Importance économique : la France produit environ 10 millions de plantes (2 millions en 1975 !), la R.F.A., 12 millions et les Pays-Bas, 17 millions.

MULTIPLICATION

Technique

Boutures de feuilles (à l'exception de 'Aphrodite') avec 0,5 à 1 cm de pétiole ; choisir des feuilles assez jeunes.

Boutures de rameaux feuillés d'extrémité (4 à 8 cm) pour 'Aphrodite' qui donne peu de rejets, a une reprise moins rapide et fleurit moins à partir de boutures de feuilles.

Epoques : pratiquement toute l'année avec, cependant, deux époques plus importantes (juin/juillet et octobre/novembre) pour une floraison en fin d'année et pour la fête des mères.

Boutures de feuilles de Bégonia 'Rieger'.

Plan prêt pour la vente.

Comme pour le Pélargonium, des établissements se sont spécialisés dans cette production très sensible à une bactérie *(X. begoniae)* qui peut provoquer des dégâts très importants. La sélection sanitaire (indexage) des pieds-mères (travaux de l'I.N.R.A. - Versailles et Angers) permet de constituer des « blocs » sains, renouvelés tous les 12 à 18 mois et sur lesquels sont prélevées les boutures commerciales; en hiver ils reçoivent un éclairage artificiel (50 à 100 lux) pendant 2 à 5 heures par nuit pour inhiber la floraison.

Substrats : 2/3 tourbe + 1/3 sable (ou argile expansée ou perlite), ou bien T.K.S. 1 ; on utilise des godets-paniers de 5 cm de Ø pour faciliter la commercialisation des plants.

A 20/22 °C, avec une H.R. voisine de 90 % (feuilles de plastique sur les boutures), l'enracinement se fait en 10 à 15 jours; la vente des plants a lieu après 1 mois 1/2 (boutures « de tête ») et 2 mois ou 2 mois 1/2 (boutures de feuilles).

CULTURE

Elle est simple dans son principe.

Durée : 3 mois (« miniatures ») à 4 mois (type 'Schwabenland').

Rempotage des plants en pots de 12/13 (traditionnels ou en plastique) pour la majorité des cultivars, parfois en 9/10 pour 'Anita'; éviter d'enterrer le collet et ne pas tasser le substrat.

Distançages : un seul en général pour arriver à 10/12 pots de 13 par m^2, après 1 mois 1/2 de culture; cette opération n'est pas toujours pratiquée (gain de temps) mais les plantes obtenues sont moins trapues.

Tuteurages : réalisés avec soin pour maintenir les tiges qui sont très lourdes et cassantes. (5 tuteurs et davantage mais 3 ou 4 suffisent le plus souvent !).

Substrats (pH : 5 à 6), très perméables à l'eau et à l'air, c'est-à-dire non compacts (grossiers). Ex. : tourbe fibreuse (2/3) + terreau de feuilles (1/3) + sable ou polystyrène, ou bien : tourbe brune (1/2) + tourbe blonde (1/2), ou bien T.K.S. 2.

Serre à multiplication équipée de l'éclairage photopériodique et d'un système d'apport de CO_2 (tube en haut de la photo).

Fertilisation : les Bégonias appartiennent au groupe II de Penningsfeld ; les exportations (mg/plant) sont les suivantes :

N	P_2O_5	K_2O	MgO	CaO
590	92	911	250	588

(à rapprocher du Cyclamen)

Les équilibres de fertilisation pourront être 1-0,2-1 en période de croissance et 1-0,2-2 deux à trois semaines avant la floraison. Les apports d'engrais solubles se feront à la dose de 0,8-1 g/litre de solution tous les 10 jours (formules 14-10-14 puis 17-9-30 par exemple).
Surveiller la salinité des substrats (les Bégonias sont sensibles à tout excès).

Soins culturaux

Température : en début de culture on maintient 20 °C pendant 3 à 4 semaines ; puis on applique 18 °C (nuit) et 15 à 16 °C dès que la floraison commence (avec une H.R. comprise entre 60 et 80 %).

Ombrage : appliquer un ombrage à 60 % pendant l'été (cf. Cyclamen); optimum 5000 lux (ne pas dépasser 20000 lux).

Veiller au parfait état sanitaire des cultures (comme pour le Pélargonium).

Arrosages réguliers (maintenir le substrat humide); les nappes de subirrigation et le « goutte à goutte » sont souvent utilisés (dans le 2e cas, la solution Coïc peut être appliquée en choisissant la formule pour plantes acidophiles).

Réducteurs de croissance : permettent d'obtenir des plantes basses et trapues; utiliser le Cycocel en pulvérisation (éventuellement l'Alar); doses : 0,75 cm^3/litre en été (1 à 2 traitements sur des rameaux de 8 à 10 cm), 0,5 cm^3/litre en hiver (1 traitement).

Opération culturale

Le cultivar 'Aphrodite' peut être pincé 1 ou 2 fois (1er pincement après le rempotage, 2e pincement 4 semaines après) pour obtenir un port plus régulier.

La culture dirigée (pour les cultivars de jours courts « stricts »).

Les Bégonias fleurissent normalement en automne (durée de la nuit : 14 heures).
— pour *avancer la floraison*, placer les plantes en jours courts 8 à 9 semaines avant la date de floraison choisie;
— pour *retarder la floraison*, placer les plantes en jours longs et arrêter ce régime photopériodique 9 semaines avant la floraison.
Il est possible de **planifier** les cultures (Noël, Fête des Mères...) tout comme pour les Chrysanthèmes, les Poinsettias...

ENNEMIS

Ravageurs

Acariens, Pucerons, Aleurodes et surtout **Anguillules** (lutte : Aldicarbe).

Maladies

Oïdium : fréquent; lutte : lampes à soufre et surtout Bupirimate et Triforine.

Botrytis : très fréquent; veiller à une bonne aération des cultures; lutte : Iprodione, Vinchlozoline...

Bactériose (*Xanthomonas begoniae*): très grave; provoque des taches sur le bord des feuilles puis le dépérissement des plantes. Lutte : (Voir : *« culture indexée du Pélargonium »)* sélection sanitaire des pieds-mères par la méthode d'isolement ou par la technique de l'immunofluorescence (travaux de B. Digat - I.N.R.A. - Angers).

COMMERCIALISATION ET UTILISATION

Emballages soignés.
Excellente plante d'intérieur (15/18 °C) et de mi-ombre; arrosages fréquents.

Chrysanthème

Chrysanthemum X hortorum — Composées.

Plante faisant l'objet d'une production très importante, estimée à 30 millions de *potées traditionnelles* par an.
Originaire de Chine et dérivant de plusieurs espèces dont les plus importantes sont : *C. indicum* et *C. morifolium.*
Le Chrysanthème est cultivé soit comme plante en pot, soit comme fleur à couper ; dans les deux cas on peut distinguer deux types de cultures :

Culture traditionnelle : floraison se produisant naturellement en octobre-novembre, pour la Toussaint plus précisément (étude dans ce chapitre).

Culture dirigée : floraison provoquée et programmée tout au long de l'année (cultures « A.Y.R. » ou « Y.R. » pour les Anglo-Saxons et les Américains : « All the year round » ou « Year round ») en application des données du photopériodisme (voir à la fin de ce chapitre et au chapitre « Fleurs coupées »).

Rappels de systématique : les ligules (pièces florales décoratives du capitule) peuvent présenter diverses formes et dispositions : incurvées (type le plus demandé en « Traditionnel »), récurvées, incurvées-récurvées et rayonnantes (type rayonnant ou étalé ou Spider) ; c'est une forme très recherchée en « Dirigé ».

Présentation sommaire des très nombreux cultivars (se reporter aux catalogues des obtenteurs et des multiplicateurs).

A noter qu'il existe plus d'une centaine de cultivars mais que **onze** seulement représentent **50 % de la demande !**

Potées fleuries	Fleurs coupées de plein air
A gros capitules 'Excellence' (lilas) et ses sports. 'Siroco' (jaune et or) et ses sports : 'Soleil d'Armor', 'Ami Colin'... 'Poitevine Suprême' (blanc). 'Mme Wolf' (jaune), etc. *A petits capitules* 'Yves' (cuivre et or). 'Fairy Rose' (rose), etc. *Rayonnant* 'L'ombrelle' (rose pâle). 'White' et 'Yellow Spider' (blanc, jaune).	*A gros capitules* 'Mme Lemaire' (rouge et or). 'Le Nanou' (violet et lilas)... *A capitules moyens* Simple : 'Sauterne' (jaune), 'Pink Daisy' (rose)... Alvéolé : 'Rolinda' (orangé). 'Esther' (jaune, cuivre ou rose). *Rayonnant* (Spider) (Voir au *chapitre « Fleurs coupées »*.

Les Chrysanthèmes « cascades » (produits par de nombreux Services de Jardins de ville) sont du type « à petits capitules » auxquels on donne une forme retombante par palissage sur un tuteur oblique orienté vers le nord et pincements très nombreux : ex : 'Cascade d'Orléans' (rouge et jaune), 'Cascade Lilloise' (jaune), 'Monette' (rose)...

Prélèvement des boutures sur un bloc de pieds-mères cultivés en containers sur tablette.

Bouturage sur tablettes avec emploi d'hormones en poudre (bocal au centre).

I - CULTURE EN POTS TRADITIONNELLE

Caractères recherchés :

hauteur réduite (50-60 cm) : résistance au vent ;
ramification facile : obtention de 3 à 6 branches *en moyenne*, après un ou deux pincements, ou d'un buisson (petites fleurs) ;
rigidité des tiges ;
floraison pour la mi-octobre.

Cependant la demande varie d'une région à l'autre : le sud de la France achète des plantes assez hautes avec un grand nombre de fleurs (plus de 6) ; le nord, par contre, demande des plantes basses et un peu moins florifères (3 à 5 fleurs).

MULTIPLICATION

Par semis : travail des obtenteurs.

Par bouturage : procédé classique.

Effectué de février à avril (selon les cultivars et la demande), à partir de pieds-mères sélectionnés :

— hivernés en serre froide (5 à 12 °C) après rabattage à 5/10 cm et remis en végétation fin décembre (12/15 °C) ;
— cultivés à cet effet en serres, de façon identique aux pieds-mères de Pélargonium (contrôle plus facile des ennemis et production régulière de boutures).

Technique : boutures de rameaux feuillés de 5 à 8 cm, à 3 ou 4 feuilles (parfois « rognées » d'un tiers), placées en bâche ou sur tablette à multiplication tous les 5 cm, éventuellement sous mist-system ; température : 15 à 18 °C (de fond).
L'enracinement demande généralement *2 semaines* (selon l'époque et les cultivars) ; l'emploi d'hormones permet de régulariser l'émission des racines et d'uniformiser la qualité des boutures : c'est un point important pour planifier les ventes.

« Récolte » des boutures racinées.

Boutures prêtes pour l'expédition.

Substrats : terreau de feuilles surfacé de 2 à 3 cm de sable ou **de plus en plus** : 2/3 tourbe et 1/3 sable (ou perlite).
Il est possible de conserver les boutures coupées (= "cuttings") en chambre frigorifique à + 0,5 °C pendant 2 à 4 semaines (conditionnement en sachets de polyéthylène perforés) ; cette technique facilite également la programmation des ventes. Les boutures racinées se conservent à + 5 ou + 6°C.

CULTURE
Voir tableau résumé

On distingue deux types de cultures : en pleine terre et *en pots*. Cette dernière est la plus souvent pratiquée pour des raisons de commodité, de rationalisation et de contrôle des ennemis et de la fertilisation.

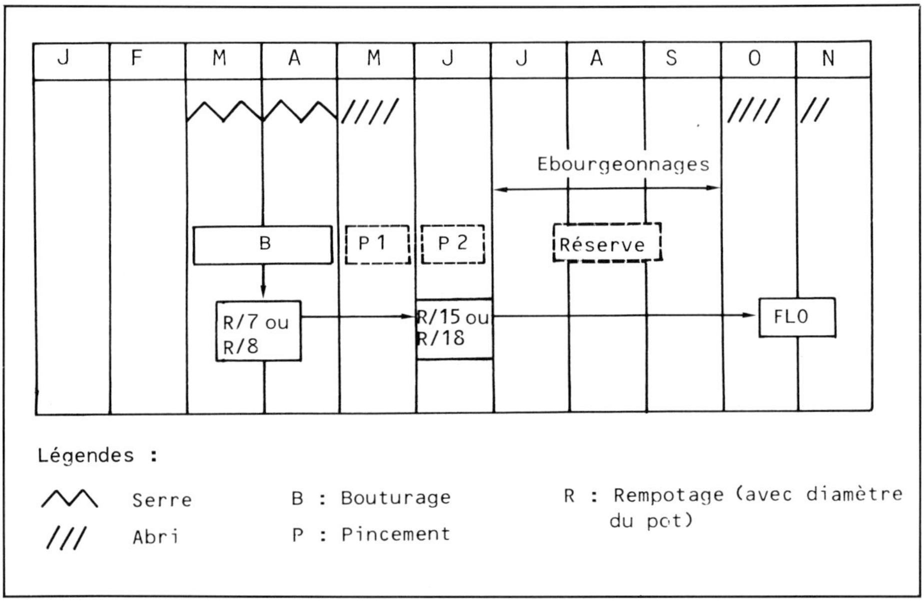

Culture traditionnelle du Chrysanthème

Rempotages

Le premier en godet de 7 ou 8, à la réception des boutures ; placer sous châssis ou en serre froide.

Le deuxième, généralement en pots de 15 à 18 vers la mi-juin...

Ou bien un seul rempotage en pot de 15 à 18 en plaçant une, trois ou cinq boutures par pot.

Placer en pleine terre, vers la mi-juillet en planches labourées, roulées et en enterrant les pots aux 2/3. Distances : en général on compte 4 rangs (0,50 × 0,50) avec sentier de 0,80 cm.

On pratique de plus en plus souvent la culture hors sol, les pots étant disposés sur une feuille de plastique (cf. culture en

containers), enterrés de 5 à 10 cm pour résister au vent et alimentés en irrigation fertilisante localisée (« goutte à goutte » par exemple).
La rentrée des pots en serre ou sous abri (protection contre les gelées, les intempéries...) s'effectue *début octobre*.

Substrats et fertilisation

Rappelons que le Chrysanthème est une plante très exigeante en éléments fertilisants (groupe III de Penningsfeld).

Les exportations (en g/plante) pour 6 mois de culture sont :

N	P_2O_5	K_2O	MgO	CaO
1,338	0,392	1,697	0,303	0,953

soit l'équilibre 1-0,3-1,3 (certains auteurs préconisent 1-0,4-2).

Substrats (pH : 6,5 à 7,3) ; très nombreuses formules dont voici 3 exemples :
1. 2/3 terre de jardin + 1/3 terreau de fumier
2. 1/2 terre franche + 1/2 terreau de feuilles
3. 1/3 terre franche + 1/3 tourbe + 1/3 sable

Fertilisation pour la production en pleine terre : les terrains de culture (de préférence silico-argileux) reçoivent souvent une importante fumure de fond (300 à 400 kg de fumier de bovins à l'are).

Pour les substrats on distingue :

Fumure de fond : au 2e rempotage on ajoute fréquemment un engrais de fond complet (5 à 6 kg/m^3 par exemple) ou à « action lente » (2 à 3 kg de 15-10-15/m^3 par ex.) ;

Culture « hors sol » sur feuille de plastique avec irrigation fertilisante localisée.

Fumure d'entretien : de juillet au 15 septembre, avec engrais solubles, simples ou complets (doses : 3 à 4 g/l), tous les 10 jours.
Exemple :
Tous les 10 jours, jusqu'à l'initiation florale : 3 g/l de 14-10-14 ou formule voisine.
Après l'initiation florale : 4 g/l de 17-9-30 ou formule voisine.
Apports de 200 à 300 cm^3 de solution par pot.

Opérations culturales

Pincements

Premier pincement : sur le jeune plant, en godet de 7 ou 8, un mois et demi après le bouturage ; couper l'extrémité (2 à 3 cm).

Deuxième pincement (ou dernier pincement) : sur la plante en pot, un mois à un mois et demi après le premier pincement, en coupant 4 à 5 cm sur chaque tige et toujours *avant le 1er juillet.* Il y a en effet un rapport étroit entre le dernier pincement et la floraison : voir les dates très précises mentionnées dans les catalogues pour les *différents cultivars* et les *régions de production.*
Le nombre des pincements varie avec les dates de bouturage, le nombre de fleurs désirées, les cultivars, etc.
Quelques exemples pour l'Anjou (derniers pincements) :
'F Larderet' (tardif) : 29 mai ;
'Mme Wolf' (1/2 hâtif) : 10 juin ;
'Siroco' (hâtif) : 20 juin.

Ebourgeonnages

Pratiqués régulièrement pendant *toute la durée de la culture.*

Bouton-couronne (culture traditionnelle).

Boutons terminaux (culture dirigée en serres).

Choix ou « Réserve » des boutons floraux

Plante nyctipériodique (ou de jours courts), le Chrysanthème forme ses boutons floraux lorsque la durée du jour est inférieure à 14 heures, soit à partir d'août, d'où les phases suivantes :
— du bouturage à août : phase végétative ;
— d'août à septembre : phase générative.
La plante nécessite, en outre, une température *d'au moins 10 °C* au moment de l'initiation florale (au-dessous il y a risque de retard) ; optimum : 15 à 16 °C.
Sur une potée à gros capitules, le premier bouton qui apparaît est appelé *1er bouton-couronne* (= 1er B.C.). Si on ne pratique aucune intervention, le B.C. avorte (en général) et la plante va former un 2e *bouron-couronne* (= 2e B.C.). Enfin, à partir de septembre la croissance cesse et les ramifications se couvrent de boutons terminaux (= B.T.)...
D'où la **réserve** : c'est l'opération qui consiste à garder (= réserver) le 1er B.C. (ou rarement le 2e B.C.) en supprimant toutes les pousses (bourgeons ou boutons) qui apparaissent près de lui ; on réserve un seul B.C. par tige et il prend ainsi un grand développement.

Date : du 15 août au 15 septembre ; la date et le choix du B.C. sont fonction du cultivar (hâtif ou tardif), de l'époque de bouturage, du nombre de pincements *(voir les catalogues).*

B.C.	B.T.
Seul à l'extrémité d'une tige.	Accompagné de plusieurs autres boutons secondaires plus petits.
Porté par une pousse courte garnie de feuilles étroites (= Bractées).	Donne un capitule moins gros, tardif et très coloré.
Donne un capitule volumineux et hâtif.	S'entoure de capitules très petits.
(Potées traditionnelles).	(Potées « buissons »).

Soins culturaux

Arrosages : fréquents en été (pratiquement tous les jours) ; pratiqués manuellement ou à la rampe oscillante ou même au goutte à goutte. Apporter 0,5 à 1 l d'eau par pot et par jour.

Tuteurages : pratiqués dès la réserve, avec tuteurs et ligatures ou disques d'autotuteurage.

Protection des fleurs : les potées doivent être abritées du vent, de la gelée, des pluies en les rentrant sous abri ou en ensachant les capitules (assez rare).

Désherbage : le désherbage manuel étant long et onéreux on peut traiter les substrats et les aires de culture (désinfection à la vapeur ou chimique, au bromure de méthyle par ex.). Il est possible de traiter les plantes en cultures par pulvérisation d'un herbicide sélectif (Chloroxuron : 4 kg/ha, avec 1 200 l de solution par hectare).

Réducteurs de croissance : ils sont utilisés exceptionnellement (Phosphon, Alar) : voir les doses au chapitre ci-dessous : **« Culture en pots dirigées ».**

Remarque : **la culture traditionnelle pour la fleur coupée** se conduit de manière comparable. On cherche à produire des uniflores (à grandes fleurs) ou des branches fleuries (à fleurs moyennes ou petites).
Le bouturage est identique et la culture est réalisée en général en *pleine terre* (sur 4 ou même 2 lignes). Des *abris* (type « abris à 4 » du Midi) sont placés sur les cultures à partir de septembre-octobre, la floraison se prolongeant jusqu'en hiver.

II — CULTURE EN POTS « DIRIGÉE »

Présentation
Principe de base } Voir Chrysanthème « Fleurs coupées »

Deux types de cultures peuvent être pratiqués :

La culture toute l'année : cv. : série des 'Ann', des 'Tuneful', ou bien encore : 'Rivalry' (jaune), 'Deep Champagne' (rose), 'Super White' (Spider blanc)...

La culture dirigée pour la Toussaint : il s'agit de la technique *« Orchestra »*. Son principe consiste à élever en serres des cultivars créés spécialement pour ce type de production (ex : 'Baryton', 'Clairon', 'Ocarina', 'Biniou'...) dont les fleurs sont incurvées. En appliquant des jours longs pour la croissance des boutures puis des jours courts artificiels pour l'induction florale, on maîtrise la production des potées fleuries pour fin octobre. De plus, la durée de culture est inférieure de 30 à 40 % à la culture traditionnelle et, enfin, on la programme beaucoup mieux.

Exemple de planning pour 'Biniou' :
Empotage des boutures le 20 juillet ;
obscurcissement du 5 août au 2 septembre ;
floraison pour le 1er novembre.

MULTIPLICATION

Voir Chrysanthèmes « Fleurs coupées ».

CULTURE

Effectuée en serres.

Plantation des boutures : une bouture par pot de 8/9, 3 ou 5 par pot de 14, en veillant à les placer au bord du pot.
Densité : 50 pots de 8/9 par m^2 ou 12/15 pots de 14 par m^2.
Températures :
— de jour : 15 à 18 °C pendant un mois puis 12/15 °C ;
— de nuit : 10/12 °C.

Substrats : en général à base de **tourbe** ou de **terreau prêt à l'emploi.**
Exemple : tourbe enrichie (4/5) + terre franche (1/5).

Fertilisation

Fumure de fond (Voir *« Culture traditionnelle »*).

Culture dirigée en serres de Chrysanthèmes en pots pour la Toussaint. Technique « Orchestra » mise au point par Challet-Hérault qui a créé en outre des cultivars adaptés.

Fumure d'entretien : elle peut être apportée sous forme d'engrais solubles simples ou complets, à la dose de 2 à 3 g par litre (tous les 15 jours en hiver et tous les 8 jours ensuite), à partir de la 2e ou 3e semaine.

Exemple de solution fertilisante : 800 g de nitrate de potasse, 500 g de phosphate d'ammoniaque, 500 g d'ammonitrate et 200 g de sulfate de magnésie pour 1000 l d'eau ; ce qui correspond à une concentration de 2 g/litre avec un équilibre 1-0,7-1 (+ 0,1). Apporter le nitrate de potasse *seul* en fin de culture.

Autre exemple de fertilisation avec engrais complets solubles : Apports à la dose de 1,5 g/l tous les 8 jours de 24-12-12 (pendant 6 semaines) puis de 18-18-18 (2 semaines) et de 18-12-24 jusqu'à la coloration des boutons.

OPÉRATIONS ET SOINS CULTURAUX

Pincements : selon le type de plante recherchée, on **pratique ou pas** un pincement.

Potées conduites en uniflores (= 1 fleur par tige) : il n'y a pas de pincement et la plante se conduit en ébourgeonnant et éboutonnant régulièrement.

Potées conduites en pluriflores (= plusieurs fleurs par tige) : un pincement 15 jours environ après rempotage au-dessus de la 5e ou 6e feuille.

Chrysanthèmes produits en culture dirigée et conditionnés pour la vente.

Conduite du photopériodisme

En jours longs : on obscurcit à partir de la plantation jusqu'à la coloration des boutons (14 h de nuit pour 10 h de jour).

En jours courts : on pratique l'éclairage cyclique pendant 1 à 2 semaines après plantation pour favoriser la croissance des plantes (durée : 1 h à partir du 15 août jusqu'à 5 h en décembre et 1 h en mars).

Arrosages : réguliers, le substrat ne devant jamais se dessécher.

Tuteurages : pour certains cultivars très vigoureux ou très ramifiés.

Utilisation des réducteurs de croissance : Alar, Phosphon. Ils sont appliqués en fonction de la vigueur des cultivars.
Alar s'utilise en pulvérisation foliaire, 2 semaines après pincement (300 g/hl).
Phosphon s'utilise en mélange avec le substrat (300 à 400 g/m^3).

Vente : elle s'effectue après 3 mois de culture.

ENNEMIS

Ravageurs

Anguillule *(Aphelencoïdes ritzemabosi);* dessèchement du feuillage ; lutte : rotation - cultures en pots hors sol - Traitements : Parathion ; systémiques (Aldicarbe) ; désinfection des sols et substrats...

Mouche du Chrysanthème *(Liriomyza trifolii);* « minent » le limbe ; lutte : Méthomyl, Deltaméthrine...

Pucerons : déformations, crispations (lutte : voir Mouche).

Maladies

Septoriose *(Septoria chrysanthemi) :* Chute des feuilles ; lutte : Zinèbe, Mancozèbe...

Rouille brune *(P. chrysanthemi) :* Pustules brunes sous les feuilles ; lutte : Zinèbe, Triforine...

Rouille blanche *(P. horiana) :* Pustules blanchâtres sous les feuilles (très grave) ; lutte : voir Rouille brune.

Pourriture grise *(Botrytis cinerea) :* En fin de végétation ; lutte difficile : Bénomyl, Thirame, Iprodione...

Verticilliose *(Verticillium albo-atrum) :* Flétrissement ; lutte : voir Botrytis.

Viroses (Mosaïque, Aspermie et Stunt) : régénération par **cultures de méristèmes** pratiquées par certains obtenteurs-multiplicateurs possédant leur laboratoire de culture *in vitro* et par la Station « Val de Loire » du C.N.I.H. à Angers.

COMMERCIALISATION ET UTILISATION

Potées fleuries : décoration des tombes à la Toussaint, des monuments publics et des appartements (culture dirigée).
La normalisation expérimentale AFNOR (V12-211) porte sur les catégories (extra, I et II), l'origine, le nom de l'entreprise, la couleur et le calibre de la plante.
Fleurs coupées : décorations florales ; très longue durée en vase.

Kalanchoë

Crassulacées

Originaires de Madagascar, les Kalanchoës cultivés par les horticulteurs appartiennent à l'espèce *K. blossfeldiania* et aux hybrides entre d'autres espèces *(K. globulifera, K. coccinea, K. flammea...)* obtenus en Suisse, en Allemagne, aux U.S.A...

Cultivars (exemples pour l'Europe : 'Vulkan', 'Annette', 'Pollux', 'Koral', 'Norisfeuer', 'Bali' (rouges plus ou moins orangés); 'Christina', 'Améthyste' (roses plus ou moins violacés); 'Golden Melody' (jaune)...

Caractéristiques morphologiques : taille assez réduite (15 à 35 cm), feuillage foncé, feuilles épaisses et glabres, petites fleurs en corymbe; c'est le type de plante correspondant à **« l'achat pour soi »**.

Physiologie : nyctipériodique (ou de jours courts) stricte (régime photopériodique : 11 h/13 h).

Importance économique : production en plein essor; on importe plus de 4 millions de plantes par an du Danemark et des Pays-Bas qui en produisent 15 millions.

MULTIPLICATION

Trois procédés : semis, bouturage et micropropagation *in vitro.*

Le semis est comparable à celui du Gloxinia (1 g = 30000 graines) : il s'effectue de janvier à mars et permet une production de plantes en 8 à 10 mois après 1 (ou 2) repiquages et un rempotage mais cette technique est peu pratiquée. Quant à la **multiplication *in vitro,*** elle permet d'obtenir des plantes très touffues et florifères; elle est encore peu employée.

Le bouturage : c'est le procédé classique. Boutures de rameaux feuillés « de tête » (5 à 10 cm) ou de tronçons de tiges à un nœud (= 2 feuilles opposées); les boutures « de tête » sont issues des pincements (cf. Hortensia). Les faire sécher et les placer directement en pots de culture.
Substrat : celui de la culture; température : 20 à 22 °C (air) et 24/25 °C (fond); H.R. : très forte, obtenue par le mist-system ou bien en recouvrant les boutures d'un tunnel de plastique ou mieux, d'une feuille de plastique perforée posée sur le feuillage.
Epoques : en général toute l'année.
Enracinement en 15 à 20 jours.

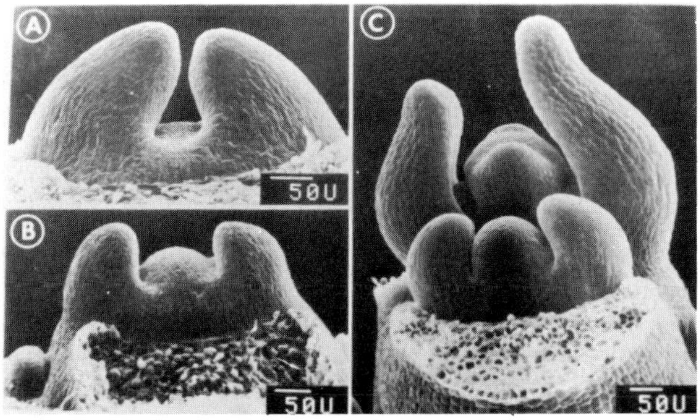

Transformation du méristème végétatif Ⓐ en pièces florales Ⓒ chez le Kalanchoë (photo Hort. Science).

CULTURE

Elle est très simple, programmable et relativement peu exigeante en température : 16 à 18 °C en hiver ; si la température est inférieure à 15 °C, la floraison est retardée. On utilise 2 types de contenants :
— **pots de 9/10** : production de petites plantes de 15 à 20 cm de hauteur en 4 mois ;
— **pots de 11/12** (et plus) : plantes de 20 à 30 cm en 6 à 8 mois.

Substrats (pH : 6 à 7) : très perméables à l'air et à l'eau (comme pour les Cactacées) ; ex. : terre de jardin 1/3 + tourbe 1/3 + sable grossier 1/3 ou, plus souvent tourbe blonde + argile expansée (ou pouzzolane ou laine de roche) ou bien même tourbe fibreuse seule.

Fertilisation

Fumure de fond : elle peut se réaliser avec un engrais complet (2 à 3 kg/m^3) mais elle est peu pratiquée.
Fumure d'entretien : avec engrais solubles (équilibre : 1-0,25-0,8) tous les 8/10 jours, à la dose de 1 g/l (en hiver) et 2 g/l (en été).

Opérations culturales

Pincements : ou pince la tige à 4/6 feuilles pour la faire ramifier et obtenir des plantes trapues et florifères ; cette opération est effectuée 4 à 7 semaines après le bouturage (selon les cultivars, la durée de culture...). On fait généralement un seul pincement mais, parfois 2 ou 3 pour la production de grosses plantes (en pots de 12 et plus).

Soins culturaux

Culture en serres très claires (optimum : 30 000 lux) ; arrosages réguliers, sans excès.

Cultures programmées

La réaction au photopériodisme permet de programmer la production ; en voici les bases :
Pour provoquer la floraison en jours longs : obscurcir pendant 4 à 7 semaines (selon les cultivars, voir les catalogues), de

Serre de production de Kalanchoë équipée d'installation pour l'obscurcissement.

17 heures à 8 heures (= 9 h de jour); la floraison se produit 3 à 4 semaines après le début des jours courts.
Pour retarder la floraison en jours courts : éclairer pendant 4 à 8 semaines (selon les cultivars... et la hauteur des plantes que l'on désire obtenir), à raison de 3 à 5 heures par nuit en appliquant 50 à 100 lux/m^2.

Exemple de culture dirigée pour la fête des mères :
— bouturage en pots de 9 : début février;
— jours longs : jusqu'au 20 mars;
— jours courts : jusqu'au 20 avril;
— floraison : fin mai.

Réducteurs de croissance

Ils sont parfois employés sur des plantes très vigoureuses ou bien en été (Alar, Cycocel).

ENNEMIS

Généralement peu fréquents... ce qui est encourageant !
Oïdium, lutte : « lampes » à soufre, Triforine...
Botrytis, éviter les arrosages trop fréquents; lutte : Iprodione...

COMMERCIALISATION ET UTILISATION

Emballages soignés. Plantes robustes et accomodantes, floraison de longue durée. S'utilise seul ou fréquemment en composition.

QUELQUES « AUTRES » PLANTES FLEURIES OU A FRUITS DÉCORATIFS

Dans le tableau ci-dessous nous présentons des productions traditionnelles ou d'introduction relativement récentes en culture; certaines d'entre elles peuvent connaître un essor rapide dans l'avenir (la présentation et les légendes sont identiques à celles des « *Quelques autres plantes à feuillage décoratif* »).

Genre, espèces, cv. famille	Production des plants	Culture proprement dite	Observations
Allamanda cathartica 'Williamsi' (Apocynacées)	B : de tête ou tronçons en hiver T : 25 °C Enracinement : 5/6 semaines	T : 15/18 °C (nuit) SS : standards (tourbes enrichies) R : 10 à 12 V : 4 à 6 mois	Plante sarmenteuse à fleurs jaunes Alar : 0,2 %
Beloperone guttata (Acanthacées)	B : pratiquement toute l'année (hiver-été) T : 20/25 °C Enracinement : 2 semaines	T : 13/15 °C SS : id R : 10 (3 plants) V : 4 à 6 mois	« Plante crevette » à bractées brun violacé et blanc Alar (0,2 %) ou C.C.C. (0,15 %)

Genre, espèces, cv. famille	Production des plants	Culture proprement dite	Observations
Bougainvillea glabra (Nyctaginacées)	B : printemps, été, avec hormone A.I.B. (rameaux semi-ligneux à 3/4 feuilles) T : 22/25 °C (avec mist) Enracinement : 5 à 6 semaines	T : 18/20 °C r en 7 puis R en 12/13 SS : cf Serres très claires; 2/3 pincements V : 5 à 7 mois	Bougainvillée à fleurs mauves, roses, oranges Floraison : jours courts de 18 h à 8 h jusqu'aux premières fleurs C.C.C. : 2,5 %, améliore la précocité
Browallia speciosa (Solanacées)	S : (1 g = 1 000 graines), toute l'année (ou B) T : 18/20 °C	T : 12/15 °C R : 10 (3 plantes) 1 pincement V : 4 à 5 mois après le semis	Fleurs bleues ou blanches Exigeant en lumière
Campanula isophylla (Campanulacées)	B : hiver (décembre) T : 20 °C	T : 15/16 °C R : 10 (2 par pot) 1 pincement en mars V : 6 mois	« Etoile de Marie... » bleu, blanc Plante de J.L. : 300/400 lux par m^2, fin mars.
Crossandra infundibuliformis (Acanthacées)	B : toute l'année T : 16/20 °C Enracinement : 4 semaines	T : 15/18 °C R : 11 (1 à 2 plantes) 1 pincement V : 6 mois	Fleurs orangées de longue durée Alar : 0,3 %
Dipladenia hybride (Apocynacées)	B : toute l'année (assez difficile) T : 22/25 °C Enracinement : 5/7 semaines	T : 10/13 °C R : 10 (1 à 3 plants) V : 5/6 semaines	Plante sarmenteuse à fleurs rose vif. Beau feuillage Alar : 0,3 %
Exacum affine 'Lutin' (Gentianacées)	S : décembre à avril T : 18/20 °C (30 000 graines/gramme) r : en plaques (3 semaines)	T : 16/18 °C R : 8/12 V : 5 à 6 semaines	Fleurs nombreuses, bleues Pas de pincements
Gardenia jasminoïdes (Rubiacées)	B : février à juillet (s/s mist) T : 22/25 °C Enracinement : 1 mois	T : 18/20 °C R : 10/12 après 2 mois V : 9 à 12 mois 2 pincements	Arbuste à fleurs blanches Cycocel : 0,4 % (2 à 3 traitements)
Impatiens hawkeri (Balsaminacées) « = I. de Nouvelle-Guinée »	B : de tête T : 20 °C Enracinement : 4 semaines	T : 15/18 °C R : 12 ou plus (3 boutures) V : 9/10 semaines 1 pincement	Feuilles panachées (vert, rouge, jaune) Fleurs rouges, roses ou blanches

Genre, espèces, cv. famille	Production des plants	Culture proprement dite	Observations
Nerium oleander (Apocynacées)	B : pratiquement toute l'année T : 18/20 °C Enracinement : 4/5 semaines	T : 15/18 °C SS : standard ou tourbe + écorce R : 12 V : 5/6 mois	« Laurier-rose » cultivé par les pépiniéristes pour la production de plantes en pots C.C.C. : 2 à 3 %, 1 à 2 traitements
Pachystachys lutea (Acanthacées)	B : de tête, hiver, printemps T : 22 °C Enracinement : 3/4 semaines	T : 18/20 °C R : 11 (2 à 3 par pot) V : 3 à 4 mois	Fleurs en épis jaunes et blancs Atrinal (0,2 %) C.C.C. (0,2 %)
Stephanotis floribunda (Asclépiadacées)	B : décembre, (sous mist); tronçons de tiges 1/2 lignifiées, à 2 nœuds. Hormone : A.I.B. T : 22/25 °C r : février	T : octobre à fin décembre : 12 °C Janvier : plus de 25 °C pour démarrer la floraison, puis 18/20 °C R : 11/13 en mai Vente : 15 mois	Arbuste sarmenteux à fleurs blanches odorantes Plantes de J.L. : éclairage (100 lux) pendant 6 h/nuit en hiver avance la floraison
Thunbergia alata 'Susie Mix' (Acanthacées)	S (ou B) en hiver T : 15/20 °C Enracinement : 3 semaines	T : 15 °C R : 12 (3 par pot) V : 3 à 4 mois 1 pincement	Fleur jaune et noire (« Suzanne aux yeux noirs ») C.C.C. (0,4 %)
Vinca rosea (= Catharanthus) (Apocynacées)	S : janvier à mars T : 20/24 °C	T : 12/15 °C R : 10 (plusieurs plantes) V : 4/6 mois	« Pervenche de Madagascar » Alar (0,2 %)
Solanum pseudocapsicum 'Cerise', 'Big Boy', 'Joker'... (Solanacées)	S : février/mars T : 18/20 °C Levée en 15/20 jours r : en godets, à 2 feuilles	T : 12/13 °C SS : TKS 2 R : 11/12 V : 6 à 8 mois	« Pommier d'amour » (fruits jaunes, oranges, rouges) Rustique dans le Midi, jusqu'à la Loire
Capsicum annuum 'Hokus Pokus', 'Missile', 'Festival'... (Solanacées)	S : décembre à mai T : 18/20 °C Levée en 15/20 jours r : en godets à 2 feuilles	T : 12 à 15 °C SS : TKS 2 R : 10/12 V : 6 à 9 mois	« Piment d'ornement » (fruits jaunes, oranges, violets, rouges...)

3 — PLANTES A FEUILLAGE DÉCORATIF

On parle fréquemment de Plantes vertes mais nous allons voir que ce terme est inexact. Cette production connaît un essor grandissant, aussi bien au niveau de la *demande* que de *l'offre.*

Demande : elle est liée à la publicité, à l'association « plantes vertes et mobilier moderne », aux prix...

Offre : grandissante (près de 250 ha en culture), liée en particulier au fait que la multiplication s'effectue de plus en plus fréquemment dans les pays à climat favorable (Côte-d'Ivoire par exemple) et également par micropropagation.
Parmi les genres *les plus cultivés et dont les exigences sont très différentes,* on trouve : *Ficus, Philodendron* et *Sansevieria* qui vont faire l'objet d'une étude détaillée.
Nous présenterons ensuite une *sélection* des autres genres commerciaux.

Ficus

Moracées

Originaires d'Asie tropicale, de Chine, d'Indochine... c'est-à-dire des régions les plus chaudes du globe.
Caractéristique à noter : présence de latex dans les vaisseaux conducteurs.

Présentation sommaire

Ficus elastica (« Caoutchouc ») dont on cultive surtout les cultivars : 'Robusta' : feuilles très larges ; entre-nœuds courts ; 'Decora' : feuilles larges et bourgeon terminal rouge ; 'Decora Variegata' : panaché de blanc, et 'Schrijveriana' : très panaché ; 'Abidjan' : feuillage pourpre.

Ficus lyrata *(= F. pandurata) :* grandes feuilles en forme de guitare.

Ficus benjamina *:* véritable arbuste d'appartement, de plus en plus cultivé (le cultivar 'Hawaï' est panaché de blanc et 'Exotica' a un port très souple, « pleureur »...).

Ficus sagittata *(= F. radicans)* ('Variegata') et *Ficus pumila* (= *F. repens*) se caractérisant par leur port rampant ou grimpant et leurs petites feuilles (0,5 à 3 cm).

Ficus deltoidea *(= F. diversifolia)* : feuilles triangulaires et très nombreux fruits, plus ou moins colorés, de 6 à 8 mm de diamètre.

Ficus australis *:* ressemble à un petit *F. elastica* à port souple et très ramifié.

Importance économique : plus de 6 ha en culture.

Une « plantation » en Côte-d'Ivoire : culture de pieds-mères de *Sansevieria* (1er plan) et de *Ficus* (2e plan) (photo C. Richard).

e d'ensemble de l'essai, le 15 octobre (plantation effectuée le 6 juillet).
Planche nº 1 (à gauche) : floraison naturelle (témoin);
Planche nº 2 (au centre) : floraison avancée par obscurcissement un mois après plantation;
Planche nº 3 (à droite) : floraison plus avancée par obscurcissement 15 jours après plantation.

ccent'.

'Super White'.

orning Sun'.

Production de fleurs coupées de Chrysanthèmes sous tunnel de polyéthylène à l'E.N.I.T.H. (Expérimentations H. Vidalie, D. Riolland et P. Théron.)

'Frésultane'.

'Valentine'.

'Montmartre'.

Recherches sur l'influence du chauffage du sol sur la production du Gerbera à l'E.N.I.T.H. (H. Vidalie, M. Laffaire.)

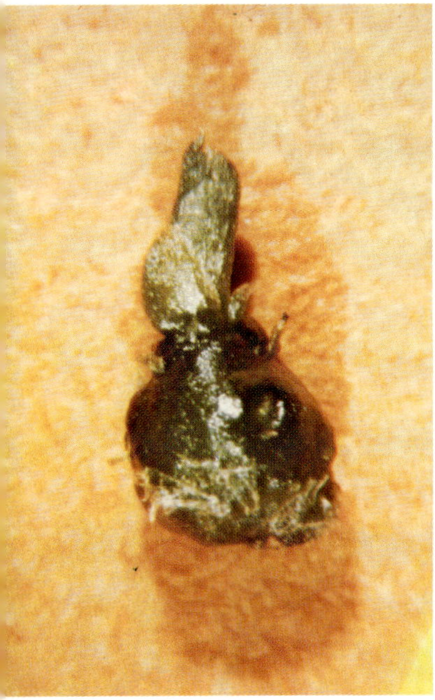

otocorme isolé
su de méristème.

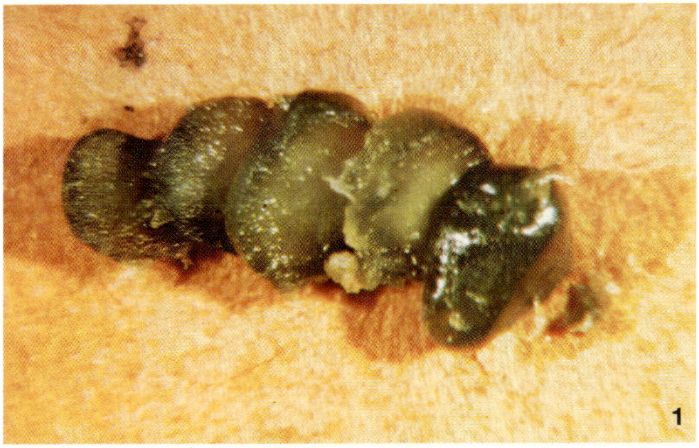

1. Division par fractionnement.
2. Formation de nouveaux protocormes (6 à 8 semaines après la division).

otocormes isolés
onnant un plant
semaines après isolement).

Culture de méristèmes et multiplication végétative du Cymbidium. (R. Augé, E.N.I.T.H.)

Production de fleurs coupées en serres à partir de plants multipliés *in vitro*. (Ets Vacherot & Lecoufle.)

X *Laeliocattleya Stradivarius* 'Eclipse' (à droite).
X *Laeliocattleya Stradivarius* 'Charmant' (à gauche).

X *Lc. Veldorado,*
'La Soufrière'.

X Blc. W. Stewart X C. Bicolor.

X *Lc. Marioca*
'Carnaval'.

Cattleya et hybrides.
(Clichés Michel Vacherot,
83520 Roquebrune-sur-Argens.)

Marcottage « aérien » du *Ficus* (photo C. Richard).

MULTIPLICATION

Bouturage

Epoques : hiver, printemps et même toute l'année.

Types : boutures de rameaux feuillés soit « de tête » (à 2, 3 ou 4 feuilles), soit « de tronçons de tiges » (à une ou deux feuilles).

Technique : laisser sécher le latex à l'air libre ou le faire coaguler dans de l'eau tiède ; rassembler les feuilles avec un bracelet de caoutchouc pour diminuer l'encombrement et placer en bâche à multiplication.
On peut également effectuer le bouturage *directement* en godets ou dans les alvéoles de plaques de polystyrène ce qui facilite la manutention.
L'utilisation d'hormones de bouturage est *discutée*.

Substrat : tourbe ou mélange tourbe et sable (2/3 + 1/3 par exemple).

Température : 20 à 25 °C (de fond). L'enracinement a lieu en 4 à 5 semaines.

Marcottage « aérien »

C'est le procédé utilisé pour la multiplication en plein air en Côte-d'Ivoire, aux Canaries, en Floride... Après incision d'un rameau sur un pied-mère (au-dessous de la 3ᵉ ou 4ᵉ feuille), on place un bourrelet de tourbe humidifiée que l'on emprisonne dans une poche de plastique, d'aluminium... Enracinement en 3 à 4 semaines.
Un Ficus de 5 ans produit 40 marcottes par an. L'expédition vers l'Europe s'effectue par avion.

Micropropagation in vitro

Ce procédé récent s'applique actuellement à *F. benjamina, F. 'Robusta'* et *F. lyrata.*

CULTURE

La culture est simple; elle se réalise en *serre tempérée.* La durée est de 3 à 6 mois (selon les espèces) à partir du bouturage ou de la micropropagation et de 1 à 2 mois à partir du marcottage.

A partir du bouturage : culture en bâches ou en pots (rempotages successifs en 8 puis en 12-14 selon la force de la plante).

A partir du marcottage : dès réception des marcottes, rempotage en 12-14 le plus rapidement possible et culture en bâches ou sur tablettes avec température de fond de 25 °C et température de l'air de 15 °C minimum.

A partir des vitroplants : ils sont livrés en bocaux par le laboratoire; on lave la gélose à l'eau claire pour l'éliminer puis les plants sont repiqués en plaques ou godets de culture pour être acclimatés (passage de l'*in vitro* à l'*in vivo).* Cette opération se réalise en serres chauffées : température 22 °C et H.R. = 80 à 90 % obtenue par un brouillard artificiel. Durée : 1 mois. Ces plants sont cultivés ensuite de la même façon que les boutures. Ils se différencient de ces dernières par leur port en « touffe » c'est-à-dire à ramification basitonique.

Substrats (pH : 5,5 à 7)

Les substrats sont très divers :
- Terre de jardin (1/2),
- Terreau de feuilles (1/2),
- Sable.

Ou bien :
- Terreau de feuilles (1/2),
- Tourbe (1/2).

Ou bien plus simplement : Tourbes enrichies.

Fertilisation (peu de données de base).

Arrosages aux engrais solubles (équilibre 1-0,7-1), à la dose de 2 à 3 g/l, tous les 15 jours (plante exigeante en éléments fertilisants).

Soins culturaux

La culture doit se conduire sans à-coups de température en particulier et dans des serres bien claires.

Production de *Ficus* à partir de vitroplants

***F. benjamina* : la plante obtenue à un port en touffe « très commercial ».**

***F.* 'Robusta' : l'effet de basitonie donne une plante ramifiée à la partie inférieure.**

On a montré que sur *Ficus benjamina* une chute de température de 19° à 10 °C provoque la chute de 50 % du feuillage et qu'en serres ombrées à 40 %, le nombre des feuilles diminue de 40 % par rapport à une serre très claire.

ENNEMIS

Résistants en général, les *Ficus* sont parfois atteints par les :

Cochenilles du type *Eulecanium* (= C. à bouclier) qui se développent à la face inférieure des feuilles et provoquent un arrêt de croissance ; lutte : huiles minérales (Oléoparathion par exemple), Aldicarbe.

Nématodes *(Heterodera fici)* qui ralentissent la croissance ; lutte : difficile (trempage des racines dans des solutions nématicides). Désinfection des substrats ; Aldicarbe.

COMMERCIALISATION ET UTILISATION

Comme pour les autres genres, les *Ficus* sont vendus principalement de novembre à juin (75 % des ventes).
Plantes résistantes en appartement (éviter le soleil direct sur les feuilles et les courants d'air).

Philodendron et *Monstera*

Aracées

Originaires d'Amérique tropicale et centrale, plus ou moins sarmenteux (racines adventives) ; essor commercial comparable à celui des Ficus. On cultive les deux genres : ***Philodendron*** et ***Monstera.***

Philodendron

Très nombreuses espèces parmi lesquelles on retiendra :

P. scandens = (*P. oxycardium*) : feuilles cordiformes, grimpant.

P. erubescens : feuilles sagittées, plus ou moins rougeâtres ; cv : 'Emerald Queen', 'Red Emerald'...

P. × *mandaianum* (= *P. hastatum* × *P. erubescens*), voisin du précédent mais peu sarmenteux et pourpre.

Monstera

L'espèce la plus cultivée est :

M. deliciosa : très grandes feuilles découpées et perforées, peu sarmenteux. Les horticulteurs élèvent sa forme juvénile très sarmenteuse, à feuilles plus petites : *Philodendron pertusum* et son cv. 'Borsigiana', le plus cultivé.

MULTIPLICATION

Quatre procédés sont employés : semis, bouturage, marcottage et micropropagation *in vitro.*

Semis

Son avantage est qu'il évite d'avoir à conserver des pieds-mères. Effectué en godets (la graine mesure 0,5 à 1 cm), en plaques « multipots »... en hiver et au printemps. Température : 20-25 °C de fond. Levée en 15 à 20 jours.

Bouturage

Techique à rapprocher du Ficus, les boutures « de tête » ou « de tronçons » étant placées en bâches à multiplication ou en pots (de 12) sous « tunnel » de plastique.
Température : 25 °C (de fond). Enracinement en 15 à 30 jours.

Marcottage (Voir *Ficus*)

Micropropagation in vitro (Voir *Ficus*)

On multiplie de cette façon : *P* × *mandaianum, P. scandens, P. erubescens* et ses cv. dont le port est très apprécié (basitonie très marquée).

Culture de *Philodendron erubescens* tuteurés sur des supports recouverts de mousse où les racines aériennes viennent se fixer.

CULTURES

Elles s'effectuent en serres chaudes (ou tempérées) et demandent :
— 1 à 2 mois à partir de marcottes (1);
— 6 mois à partir du bouturage ou de la culture *in vitro* (1);
— 12 mois à partir du semis (2).
1. Conduite comparable à la culture du *Ficus* à partir du bouturage.
2. 3 à 4 mois après le semis les jeunes plantes (2 feuilles) sont placées en pots de 12; les 4 ou 5 premières feuilles n'étant pas *découpées,* on les supprime toutes sauf une et les plantes sont vendues généralement lorsqu'elles portent 4 feuilles découpées, ce qui explique la durée de cette culture.

Substrats (pH : 5,5 à 6,5) :

Le choix du substrat correspond aux exigences générales des *Aracées tropicales;* les racines charnues et pivotantes doivent se développer dans un terreau souple, aéré et bien drainé (différence *essentielle* avec Ficus).
Exemples : T. de bruyère fibreuse ou « Sapinette » ou T. de bruyère (1/2) et terreau de feuilles (1/2) avec sable ou polystyrène expansé, ou Tourbes enrichies...

Fertilisation

Engrais solubles (équilibre : 1-0,8-1) à la dose de 1 à 2 g/l tous les dix jours.

Soins culturaux

Températures : 25 °C (air), 20 °C (substrat) et H.R. = 90-95 %.
Ombrage en période de forte insolation et bassinages très fréquents. Tuteurage *indispensable* pour toutes les espèces; en utilisant des tuteurs particuliers (« tubes » grillagés remplis de mousse ou tronçons de Fougères arborescentes...), les racines adventives peuvent s'y fixer et s'alimenter en eau; l'effet décoratif est très réussi.

ENNEMIS

Cochenilles : fréquentes (Voir *Ficus*).

Nématodes : voir *Ficus*.

Se souvenir que les Aracées, en général, sont très sensibles au Parathion (phytotoxicité).

COMMERCIALISATION ET UTILISATION

Voir *Ficus.* Très utilisés pour tous les types de décorations. Résistants, même à mi-ombre, à condition de les arroser régulièrement et de pulvériser de l'eau sur les feuilles.

Sansevieria

Haemodoracées, famille proche des Liliacées

Originaires d'Afrique tropicale et australe; plantes héliophiles poussant dans des sols bien drainés avec une humidité atmosphérique généralement assez basse.
Organe végétatif souterrain : rhizome (sur lequel se développent de nombreux drageons). Feuilles coriaces, fibreuses.

On cultive surtout :
S. trifasciata, à feuilles zébrées et plus particulièrement la *variété laurentii,* qui est une chimère péricline, c'est-à-dire une

plante constituée de deux tissus génétiquement distincts qui se sont développés côte-à-côte comme deux parties de la plante. La marge blanche correspond à plusieurs couches de cellules (épidermiques et parenchymateuses) dépourvues de chlorphylle et recouvrant les tissus de l'espèce type. Si on bouture la variété *laurentii* on obtient l'espèce type non marginée ; cela s'explique par le fait que la rhizogenèse s'effectue à partir des tissus internes (cylindre central) donc de la plante à feuilles vertes.

S. hahnii : (*S. trifasciata* 'Hahnii'), identique mais nain.

MULTIPLICATION

Bouturage

Il s'applique aux espèces-types : boutures de tronçons de feuilles de 10 cm, placés en bâches à multiplication. Température : 25 °C (de fond) et H.R. = 70 %.
Enracinement en 30 jours environ.
Comme pour *Ficus, Philodendron...* le bouturage s'effectue de plus en plus en Côte-d'Ivoire, par exemple.

Drageonnage

Pour la variété *laurentii*, les drageons sont placés en serres à multiplication (cf. Boutures).

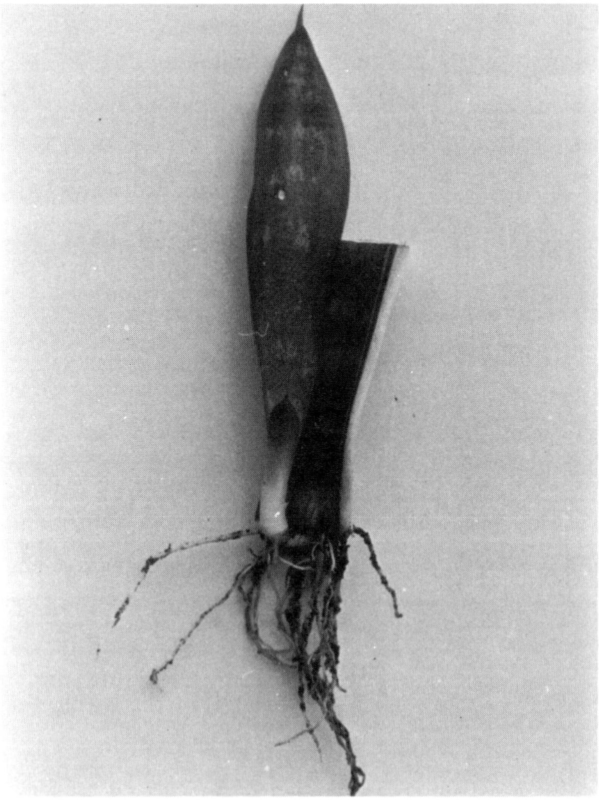

Bouturage de *Sansevieria trifasciata* var. *laurentii* redonnant l'espèce-type non marginée.

Cette technique s'est également développée en Côte-d'Ivoire, aux Canaries, au Maroc... où les pieds-mères sont cultivés en plein air et les drageons récoltés régulièrement (un pied-mère produit 8 à 10 drageons par an).

CULTURE

Elle s'effectue en serres tempérées ou chaudes, soit en bâches, soit en pots.
Durée :
— après bouturage classique : 6 mois;
— après achat de jeunes plants importés : 4 à 6 semaines; on place plusieurs drageons (ou boutures) dans le pot de culture; par exemple : 3 drageons de 25 cm dans un pot de 13/14.

La conduite de la culture est semblable à celle du Ficus, de même que les substrats et la fertilisation.

Soins culturaux

Après rempotage, lorsque les plantes sont en végétation, maintenir une H.R. assez basse (60 à 70 %) et éviter les excès d'eau d'arrosages (voir ennemis); une température de 15 °C est suffisante mais la croissance est plus rapide à 18 °C.

ENNEMIS

En général **très rares;** cependant un excès d'eau peut provoquer la pourriture des feuilles *(Fusarium moniliforme).*

COMMERCIALISATION ET UTILISATION

Excellentes plantes, *très résistantes,* à utiliser en association avec d'autres plus petites ou à port retombant.

QUELQUES « AUTRES » PLANTES À FEUILLAGE DÉCORATIF

Cette présentation est une sélection des plantes les plus cultivées actuellement en France, accompagnée d'un commentaire technique volontairement très bref.

Abréviations : B = Bouturage - M = Marcottage - S = Semis - D = Drageonnage - SS = Substrat - T = Température - H.R. = Humidité relative - r = Repiquage R = Rempotage (suivi du diamètre du pot) - V = Vente - F = Fertilisation - P = Pincement.

Genres - Espèces Cultivars commerciaux Famille	Production des plants	Culture proprement dite	Observations
Aphelandra squarrosa 'Fritz Prinsler', 'Koniger', 'Dania', 'D. Marit'... (Acanthacées)	B. de tête ou (mieux) de tronçons de tiges à 2 feuilles (ou même 1 f.) en godets T > à 20 °C H.R. : 90 %. (s/s plastique) Enracinement en 4 à 6 semaines	T : 18 à 20 °C (nuit) l'hiver (25 °C de jour) R en pots de 11 SS aéré et drainant (1/2 tourbe + 1/2 sable par ex.) V après 10 mois	Originaire du Brésil — 'Koniger' : précoce, f. étroites, port érigé — 'Dania', 'Marit' : f. plus larges, port compact Feuillage et floraison très « commerciaux » F : tous les 10 jours, 2 g/l de 14-10-14 par ex. Floraison normale en juin-juillet
	Plants importés		Floraison programmée pour avril-mai : application de basses températures (10 à 12 °C) à partir du 1er novembre, pendant 10 à 12 semaines, sur plants à 4/5 paires de feuilles

Bouturage de « cannes » (tronçon de tiges) de *Yucca* directement en pots de culture; les plantes ont été placées au préalable sous un film de P.E. noir afin d'accélérer le démarrage des bourgeons axillaires.

Culture hydroponique de *Dracaena* sur argile expansé.

Plants de *Schefflera* issus de semis.

Syngonium issu de multiplication in vitro; la plante forme une belle touffe.

Cultures de *Cocos nucifera* (à partir de « noix ») et de *Schefflera* en bâche chauffée dans le sol.

Caissette de boutures de feuilles de *Begonia* X *rex*.

Genres - Espèces Cultivars commerciaux Famille	Production des plants	Culture proprement dite	Observations
Ananas comosus Variegatus' (Broméliacées)	Couronnes provenant de Côte-d'Ivoire, par ex.	T : 18 à 20 °C (sol) HR : 80 % R : en 10-12 SS : tourbe (ou terre de bruyère) + sable V : après 6 mois	pH : 5,5 à 6,5 Système racinaire superficiel, peu abondant Coloration favorisée par ombrage à 50 %
Asparagus densiflorus 'Sprengeri' et 'Meyeri' *(= A. sprengeri)* *A. setaceus* *(= A. plumosus)* 'Nanus' *A. falcatus* (Liliacées)	S : pratiquement toute l'année ; trempage des graines dans de l'eau tiède (30 °C) T : 20 à 25 °C (Utiliser des graines fraiches)	T : 15 °C R : 3 plants par pot de 12 SS : riche V : après 10 à 12 mois	Plantes assez exigeantes en éléments fertilisants *(A. sprengeri)* Equilibre de la fertilisation : 1-0,2-1
Begonia X rex *Begonia masoniana* (= 'Croix de Fer' ou 'Iron Cross')	B : feuille ou portion de limbe T : 20 °C	T : 18 °C — soit R en 8 puis en 12 — soit r en bâches puis R en 12 avant la vente SS : terre de bruyère ou tourbe enrichie V : après 8 à 10 mois	Surveiller aération et ombrage. pH : 6 à 7 Plantes exigeantes en éléments fertilisants F : 2 g/l *Oïdium* et Bactériose
B. conchifolia, heracleifolia, hybrides... (Bégoniacées)	S : en caissettes comme *B. gracilis*	Cf. *B. gracilis*	
Calathea insignis *(= C. lancifolia)* *C. makoyana* *C. crocata* (Marantacées)	Cf. *Maranta*	Cf. *Maranta*	*C. crocata* a une belle floraison orangée
Cissus antartica *C. rhombifolia* 'Danica' (Vitacées)	B : tronçons de tiges avec 2 ou 3 feuilles directement en pots de 10 ou 12 (3 par pot). T : 18 °C	T : 15-16 °C 1 ou 2 pincements SS : voir *B. rex* V : après 6 à 8 mois	L'apparition de taches sur les feuilles *(C. antartica)* en automne semblerait due à un manque de lumière à cette époque
Codiaeum variegatum (= « Croton ») 'Bravo', 'Norma', 'Hollufiana', 'Aucubaefolia', 'Pictum'... (Euphorbiacées)	B : de tête (ou de tronçons) en godets de 6 ou 7 T : 25 °C (sol) M ou B importées	T : 20 °C HR : 80 % R : en 12 ou 14 SS : très perméables à l'air et à l'eau V : après 6 mois	Ombrer à 60/70 % en été Les couleurs du feuillage sont de meilleure qualité en régimes de jours courts, avec une fertilisation en K_2O et plus pauvre en N, une température inférieure à 25°C et un éclairement optimum (≃ 5 000 lux)

Genres - Espèces Cultivars commerciaux Famille	Production des plants	Culture proprement dite	Observations
Cordyline stricta *(= C. congesta)* *C. fruticosa* *(= C. terminalis)* *C. rubra* (Liliacées)	S : possible B : voir *Dracaena* D et B de tronçons de rhizomes de 1 à 2 cm Plants importés Multiplication *in vitro*	Voir *Dracaena*	*C. australis* et *C. indivisa* sont des plantes d'orangeries ou de plein air (Midi) Nombreux cv. de *C. terminalis* : 'Red Edge', 'Atom', 'Lord Robertson'... plus ou moins rouges
Dieffenbachia amoena 'Tropic White', 'Alix' (très raméfié et plus petit), 'Yellow Tropic' *maculata* *(= D. picta)* 'Candida', 'Compacta', 'Nelly' (Aracées)	B : de tête B : de tronçons de tiges (moins fréquent) M ou B importées	Voir *Philodendron* V : 3 à 4 mois après B	Maladie bactérienne à surveiller. L'indexage des pieds-mères peut être pratiqué
Dracaena fragrans 'Massangeana' *D. deremensis* *D. sanderana* *(= D. sanderiana)* 'Schrijveriana' *D. marginata* 'Gracilis', 'Tricolor' (Liliacées)	B : tête ou tronçons de tiges ou de « cannes » importées T : 25 °C HR : 90 %	T : 18 à 20 °C R : en 12 ou plus SS : voir *B. rex*	pH : 6 à 7 F : 2 g/l Plantes assez exigeantes Parasites peu fréquents
Fatsia japonica *(= Aralia)* 'Moseri', 'Variegata' (Araliacées)	S : graines « fraîches », en mars-avril T : 16 à 18 °C B : rameaux feuillés directement en pots T : 20 °C	T : 10 à 15 °C R : en 8 puis en 12 SS : voir *Ficus* V : 8 à 10 mois après	F : 2 à 3 g/l Surveiller les Acariens (sous les feuilles)
Hedera helix (nombreux cv.) *H. canariensis* 'Gloire de Marengo' *X Fatshedera lizei* (Araliacées)	B : rameaux feuillés de 3 à 10 cm, en pots T : 18 à 20 °C HR : 90 % (sous plastique)	T : 12 à 15 °C R : en 10 ou 12, plusieurs plants par pot SS : voir *Ficus* V : après 6 à 10 mois	*Hedera* Gloire de Marengo est une production de serre froide *X Fatshedera* est l'hybride bigénérique entre *Fatsia* et *Hedera*
Maranta leuconeura var. *kerchoviana* var. *massangeana* var. *erythroneura* (= 'Tricolor') (Marantacées)	Division de touffes (3 en pot de 12) B de feuilles avec fragment de tige (3 en godet) T : 20 à 25 °C Plants importés	T : 18 à 20 °C (sol) HR : 80 % SS : terre de bruyère ou terreau de feuilles V : après 5 à 6 mois	Ombrage intense en été (60 %) F : 1 g/l pH : 5 à 6 L'excès de salinité peut provoquer l'apparition de taches sur les feuilles. Surveiller les Anguillules *(Meloïdogyne)*

Genres - Espèces Cultivars commerciaux Famille	Production des plants	Culture proprement dite	Observations
Schefflera actinophylla 'Compacta' *Schefflera arboricola* (Araliacées)	B de tiges possible S (le plus fréquent) : voir *Fatsia*	Voir *Fatsia*	Culture récente, mais en plein essor
Scindapsus aureus (= Epipremnum aureum) (Aracées)	B : tronçons de tiges à 1 feuille (plusieurs en pots de 10 à 12) T : 25 à 30 °C (sol) HR : 90 à 100 % (sous plastique) Plants importés	Voir *Philodendron* V : après 3 à 4 mois	Très commercial (cv. 'Marble Queen')
Spathiphyllum wallisii *Syngonium podophyllum* (Aracées)	Multiplication *in vitro*	Voir *Philodendron*	*Spathiphyllum* offre une belle floraison blanche en jours courts *Syngonium* est très ramifié à partir de la culture *in vitro* (cv. 'White Butterfly')
Yucca guatemalensis (= Y. elephantipes) appelé, à tort, *Y. aloïfolia* (Liliacées)	B : tronçons de tiges (« cannes ») importées T : 25 °C (sol) HR : 90 à 100 %	T : 15 à 20 °C HR : 70 à 80 % SS : très variables V : après 3 à 4 mois	La production risque de ralentir (saturation, interdiction de couper des « cannes » en Colombie)

Broméliacées

Cette famille fait l'objet de cultures très importantes, dans des établissements plus ou moins spécialisés, en Allemagne, aux Pays-Bas, en France.

Décoratives pour leur feuillage et leurs fleurs	Décoratives pour leur feuillage
Aechmea fasciata (= Bilbergia rhodocyanea) F. bleuâtres, striées de blanc, épi rose et bleu, 'Selecta'... *Aechmea chantinii* F. plus étroites, épi rouge et orange *Guzmania minor* 'Orange' (et autres espèces et cultivars) F. vertes, épi orangé *Tillandsi lindeniana (= T. lindenii)* F. étroites ; épi aplati bleu et rose *(T. cyanea* est plus trapu) *Vriesea splendens* F. vertes, zébrées de marron. Fleurs en épi rouge vif	*Ananas comosus* 'Variegatus' *Aregelia (= Neoregelia) carolinae* var. *marechalii* (voisin de *Nidularium)* F. de la base vertes, celles du « cœur » rouges *Aregelia carolinae* 'Tricolor' *(= Nidularium tricolor)* F. de la base vertes à bandes longitudinales blanches ; f. du « cœur » rouges *Cryptanthus* (nombreuses espèces). Plante naine ; f. ondulées

Caractéristiques principales

Plantes épiphytes, originaires d'Amérique centrale et d'Amérique du Sud.
Acaules, feuilles coriaces (dont la structure particulière permet l'économie d'eau) et en « rosettes » (stockage de l'eau de pluie).
Fleurs ou inflorescences de formes diverses (en général *en épi*), décoratives par leurs bractées souvent très colorées.
Système racinaire très peu développé.
Généralement monocarpiques.

La production de l'Ananas est traitée au chapitre « *Autres plantes à feuillage décoratif* ».

MULTIPLICATION

Elle s'effectue par semis ou (exceptionnellement) par drageonnage ou par séparation de « couronnes ».

Semis
En caissettes avec un substrat fait de tourbe et, parfois encore, de sphagnum; recouvrir d'une plaque de verre. Température : 22-25 °C; hygrométrie : 80 à 90 %. Date : février-mars.
Utiliser de préférence des graines « fraîches » (importées du Brésil, des USA, d'Allemagne...).
La levée (variable avec les genres) se fait en 3 à 4 semaines (*Aechmea*) et plus (*Vriesea, Tillandsia...*).

Drageonnage
Multiplication facile et rapide par prélèvement des drageons qui se développent après la floraison (*Nidularium tricolor* par ex.). Placer en godets en bâche à multiplication (25 °C).

Séparation de « couronnes » (pour l'Ananas)
Voir *Drageonnage.*

CULTURE

Les Broméliacées s'élèvent en général en serres chaudes ou tempérées.

En résumé :
2 repiquages en caissettes; le premier à 2 × 2 cm, 3 à 4 mois après le semis; le second à 4 × 4 cm, 4 à 5 mois après; température : 30 °C; H.R. : 90 %.
2 rempotages (en général); le premier en plaques multipots ou en godets, 6 mois après; le second en pot de 12 à 15 (selon les genres), 6 mois après également; température : 20 °C; H.R. : 80 %.
Durée de la culture : 1 an 1/2 à 3 ans.

Substrats et fertilisation

Le pH doit être voisin de 5 et l'équilibre de fertilisation : 1-0,5-1,5.
Les substrats sont semblables à ceux employés pour les *Anthurium,* à base de terreau de feuilles et de tourbe, parfois de « sapinette ».
Les Broméliacées appartiennent au groupe I de Penningsfeld.
Fertilisation : à partir du rempotage, apports d'engrais solubles aux doses de 1,5 à 2 ‰, tous les mois (*Aechmea*); 0,5 ‰ (*Guzmania, Vriesea...*).

Culture de Broméliacées *(Vriesea, Aechmea...)* en serres modernes.

Soins culturaux

Cultiver en serre claire mais éviter le soleil direct (ombrage l'été : 60 à 70 %).
Maintenir une température de 18 à 20 °C avec H.R. élevée (70 à 80 %), et veiller à la présence d'eau dans le cornet.

Floraison.

Elle est provoquée (pour la fête des Mères, par exemple) par l'application de différentes *spécialités* du commerce (Ethrel, B.O.H...) ou de *gaz* (éthylène, acétylène) ayant pour but de provoquer l'initiation florale. Les traitements sont effectués après arrêt de la fertilisation (1 mois) soit par pulvérisation (Ethrel) soit par barbotage de gaz dans l'eau de la rosette. La température est maintenue entre 20 et 25 °C et on doit tenir compte du stade végétatif (au moins 10 feuilles pour *Aechmea* soit après 16 mois de culture ; 24 mois pour *Guzmania).*
La floraison intervient 2 mois après le début du traitement.

ENNEMIS

En général peu fréquents ; les Broméliacées sont généralement très sensibles aux produits de traitements.

Cochenilles : lutte : Aldicarbe.

Fusariose : provoque la pourriture du collet en milieu non drainant ou mal aéré. Lutte difficile (Bénomyl...).

COMMERCIALISATION ET UTILISATION

Potées ou compositions florales. Plantes très *résistantes.*

Fougères

Plantes vivaces, non rustiques, originaires des zones équatoriales et tropicales humides *(Adiantum, Asplenium, Platycerium...),* des régions tropicales et subtropicales *(Nephrolepis, Pteris...)* et des régions où le climat est de type méditerranéen *(Blechnum, Cyrtomium, Pellaea...).*

Remarquables par :
leur feuilles = frondes ;
leur tige souterraine = rhizome ;
leur reproduction particulière ;
leur très nombreux genres et espèces.

Importance économique : 9 ha environ en France.

Adiantum (= Capillaire); origine : Brésil.

Pétioles des frondes noirs, luisants et fins (d'où le nom de « capillaire », de « Cheveux de Vénus »...); pinnules (« feuilles ») plus ou moins triangulaires.

On cultive *(en serre chaude)* :
Adiantum cuneatum (= *A. raddianum)* 'Fragrantissimum', 'Brillantelse', 'Fritz Lüthi'.

Asplenium; origines : Indes, Australie.

Nombreuses espèces, très différentes; la plus cultivée est :
Asplenium nidus (= *A. nidus-avis*) à frondes entières réunies en « entonnoir » de couleur grise et d'aspect fibreux (= « Nid d'oiseau »). Ressemble à la Scolopendre; fortes nervures noires. Cultivée en *serre chaude.*

Nephrolepis; origines : Amérique tropicale *(N. exaltata)* et Extrême-Orient *(N. cordifolia).*

Frondes longues et retombantes, pinnules allongées et souvent divisées.
Nephrolepis exaltata offre de nombreux cultivars : 'Teddy Junior', 'Boston' (les plus cultivés), 'Massii', 'Rooseveltii Plumosa' (très finement découpé)...

Nephrolepis cordifolia (= *N. tuberosa*) à pinnules régulières est moins cultivé.
Cultivés en *serre tempérée.*

Platycerium (= Corne d'élan); origines : Australie, Afrique et Amérique tropicales.

Curieuse Fougère épiphyte à frondes caractéristiques. On cultive en *serre chaude Platycerium alcicorne* (= *Pl. bifurcatum*), *Pl. grande...*

Pteris; origines : Europe méridionale *(P. cretica)* et Extrême-Orient *(P. serrulata* et *P. ensiformis).*

Genre très commercial. Frondes à pinnules allongées, à long pétiole.
Pteris cretica avec les cultivars 'Major' (très vigoureux), 'Wimsettii' (frondes laciniées), 'Albo-lineata' (rayé de blanc), 'Parkeri' (port ± érigé, vert foncé, vigoureux)...

Pteris serrulata (= *P. multifida*), très voisin; cultivar 'Ouvrardii'.

Pteris ensiformis avec 'Evergemiensis' à pinnules fines, légères, vertes et blanches.

Autres fougères cultivées

On cultive également en horticulture professionnelle les genres *Selaginella (S. apoda, S. martensii), Cyrtomium (C. falcatum,* très robuste*), Pellaea* (*P. rotundifolia,* peu exigeant en température), *Didymochlaena* (feuillage rougeâtre lorsqu'il est jeune et foncé, adulte), *Microlepia speluncae* (ressemble à une petite fougère des bois).

1er repiquage de Fougères.

Au 2e repiquage on peut appliquer un éclairage d'appoint avec des tubes fluorescents.

Rempotage d'*Asplenium* en plaques alvéolées.

Culture d'*Asplenium* sur tablettes roulantes (2 stades de production).

MULTIPLICATION

Semis

A partir de spores mûres (noires), en caissettes sur terre de bruyère très fine ou tourbe et sable.
Température : 22 à 25 °C; recouvrir d'une plaque de verre et ombrer (avec une feuille de journal ou une toile à ombrer).

Remarque : l'irradiation des semis et des jeunes plantes en hiver peut permettre une production plus régulière. Appliquer 1 000 ou 2 000 lux, soit 80 à 100 W/m² (tubes fluorescents par exemple). Eclairer à la tombée du jour (durée du jour + éclairage = 16 heures).

Assurer une H.R. suffisante : 80 % ou davantage.

Séparation des stolons *(Nephrolepis)*
Les stolons sont prélevés sur des *pieds-mères* cultivés en serre chaude (à 25 °C au minimum) sur tablettes dans un substrat à base de tourbe et de terreau de feuilles de 30 cm d'épaisseur. Production de stolons *toute l'année.*

Division de touffes
Pour *Nephrolepis, Platycerium...*

Bouture de « feuilles »
Pour les Selaginelles.

Micropropagation in vitro

Cette technique est appliquée à la multiplication du *Nephrolepis* et de ses cultivars les plus commerciaux, comme par exemple : 'Teddy Junior'.

CULTURE

Comme pour les plantes de serres multipliées par semis de *graines fines*, la culture s'effectue schématiquement comme suit.

Repiquages

Le 1er, au stade prothalle, en caissettes, 4 à 6 mois après le semis; le 2e, au stade 2/3 « feuilles » en caissettes ou en plaques multipots, 2 à 4 mois après. C'est à ce stade que débute la production à partir des vitroplants.

Rempotage

En pots, en plaques de polystyrène ou bien plantation sur tablettes de serres 6 à 8 mois après. On place un à trois plants par pot (ou alvéole) de 10-12.

La vente peut avoir lieu après 12 mois de culture *(Adiantum, Nephrolepis...)* ou 18 mois *(Asplenium, Pteris...)*.

Cas de Nephrolepis exaltata

Les stolons sont rempotés en godets de plastique ajourés de 8, et 6 mois après, en pots de 12. La vente a lieu après 12 mois de culture.

Substrats (pH : 5,5 à 6,5)

Les substrats doivent être poreux, légers, humifères.
Exemple : terreau de feuilles (1/2) et terre de bruyère ou tourbe (1/2), ou bien tourbes enrichies.

Fertilisation

Comme beaucoup de plantes d'origine tropicale, les Fougères appartiennent au groupe I de Penningsfeld. Apport d'engrais solubles (équilibre 1-0,5-1) tous les 15 jours à la dose de 1 ‰.

Soins culturaux

Température : 20 à 22 °C dans le substrat.
Ombrage, hygrométrie élevée, arrosages réguliers et abondants, bassinages (à réduire cependant en hiver).

ENNEMIS

Ils sont généralement peu fréquents.

Ravageurs : il faut craindre les Cochenilles et surtout les *Nématodes* qui peuvent provoquer de graves dégâts sur feuillage (lutte : Aldicarbe...).

Maladies : celles du semis (fonte, toile); on observe parfois des taches « foliaires » dues à une Bactérie *(Pseudomonas)*.

COMMERCIALISATION ET UTILISATION

La spécialisation dans la production des jeunes plants se généralise de plus en plus.
Plantes résistantes en général à condition de ne les exposer ni trop à l'ombre, ni trop au soleil. Température constante (12 à 18 °C). Très utilisées en compositions florales avec d'autres plantes à feuillage décoratif.

Plantes grasses (= succulentes)

Les plantes grasses ou succulentes font partie d'un domaine bien particulier et spécialisé. Ce sont des végétaux vivaces, non rustiques en général sous *climat moyen,* dont l'appareil végétatif est adapté à la vie désertique (= xérophytes).

On peut les classer en 5 familles principales : Cactacées (contenant le plus grand nombre de genres), Euphorbiacées, Crassulacées, Amaryllidacées et Liliacées.

Très cultivées pour leur forme (caractère « exotique » !), leur floraison et leur encombrement réduit (à l'achat tout au moins); plantes en « vogue », faisant l'objet de ventes importantes par correspondance, sur catalogue et dans les grandes surfaces (autre exemple de production florale correspondant à « l'achat pour soi » ou pour ses proches...).

Nous traiterons ici la culture des Cactacées ; le genre *Kalanchoe* (Crassulacées) est présenté dans le chapitre « Plantes en pots ».

Quelques Cactacées décoratives

Cereus (« Cierges ») : plantes bien connues ; nombreuses espèces à floraison nocturne. Ex : *Cereus peruvianus* 'Minor' à forme tourmentée (« cierge rocher ») et *Cereus* (= *Cephalocereus*) *senilis,* recouvert d'un duvet blanc (« barbe de vieillard »).

Echinocactus (« Oursin ») : plantes de forme globuleuse, côtelées, épineuses. Ex : *Echinocactus grusonii,* à fleurs jaunes.

Epiphyllum *(= Phyllocactus) :* « classique » plante grasse, à grandes tiges ramifiées, crénelées ; très florifère (rose, rouge).

Mammillaria : couvert de protubérances arrondies ; fleurs jaunes ou rouges.

Opuntia (= Raquette) : feuilles en forme de raquettes portant de nombreux aiguillons. Très nombreuses espèces dont la plus connue est : *Opuntia ficus-indica,* à fleurs jaunes (= Figuier de Barbarie).

Zygocactus *(= Epiphyllum) (= Schlumbergera,* nom exact !) : port compact, tige ramifiée, constituée de nombreux éléments triangulaires ; ex : *Z. truncatus,* très cultivé en particulier au Danemark, en R.F.A., aux Pays-Bas ; on en produit environ 500 000/an en France alors que la demande est de plusieurs millions. Quelques cultivars : 'Sonia' (rose), 'Marie' (rouge)...

Rhipsalidopsis gaertneri, voisin, fleurs orangées, très cultivé également.

MULTIPLICATION

Semis

Effectué en terrines ou caissettes, de février à mai et parfois en automne, en recouvrant les graines de 1 mm de sable. Température : 18 °C au minimum (20 à 25 °C en général dans les établissements spécialisés). Substrat léger : terreau de feuilles et sable ou tourbe et perlite. Levée en 2 à 3 semaines. La levée est irrégulière, selon les espèces (50 %) et l'origine des graines (importées ou non).

Bouturage

Très facile, avec des éléments de tige *(Opuntia, Zygocactus...)*

Semis de *Mammillaria* en terrines.

Bouturage d'*Opuntia* directement en godets de plastique.

Greffage par placage (à gauche) et par incrustation (au milieu et à droite : le greffon est fixé par un aiguillon ou un morceau de caoutchouc).

Serre de production de « Succulentes » à Antibes.

dont on laisse la plaie de coupe sécher afin d'éviter les risques de pourriture :
— dans le Midi : bouturage sous châssis ou, le plus souvent, en serres de juin à septembre ;
— ailleurs, en serres (pour *Zygocactus, Rhipsalidopsis*...) dans un mélange de tourbe et sable, en jours de durée égale ou supérieure à 12 h (= *plantes de jours courts*) soit en février/mars ou en août/septembre ; température : 15 à 20 °C.

Greffage

En fente ou en incrustation ou par simple superposition du greffon sur une section plane du porte-greffe (greffage en placage). Appliqué aux plantes de faible développement ou de forme ou de couleur intéressantes (*Gymnocalycium* par exemple).
P.G. : *Opuntia* et surtout *Trichocereus, Hyllocereus*...

Date : avril à juin.

Température : 20 °C.

CULTURE

Elle est réalisée en *serre tempérée ou froide, selon la région ou le pays de production.*

Après semis

On pratique deux repiquages : le 1er, 6 à 12 mois après semis ; le 2e, 4 à 6 mois après, sur tablettes ou, de plus en plus fréquemment, directement en petits godets de 5.

Après bouturage ou greffage

Rempotages selon la force de la plante (en 8-10 pour *Zygocactus* et genres voisins, 6 mois après le bouturage en plaçant 2 à 3 plants par pot).

Substrats (pH : 6 à 7)

Très perméables à l'air et surtout à l'eau ;
Exemple : terre de jardin (1/3) + terreau de feuilles (1/3) + sable très grossier ou pouzzolane (1/3) pour les principaux genres ; T.K.S. 1 ou 2 pour *Zygocactus* et genres voisins pour lesquels on recherche une croissance rapide, parfois au détriment de la tenue ultérieure !

Fertilisation : on peut également stimuler la croissance des genres les plus commerciaux en apportant des engrais solubles à faible dose : 1 g par litre de 15-10-15 tous les 20 jours par exemple.

Soins culturaux

Zygocactus (et voisins) : pas d'arrêt de végétation ; températures : 20-25 °C en été ; 16-18 °C en hiver.

Autres Cactacées : respecter le repos hivernal (plus ou moins net) en n'arrosant que très peu fréquemment, et en appliquant des températures peu élevées (10/12 °C) et parfois moins (5 °C dans le Midi où l'ensoleillement hivernal est excellent).

ENNEMIS

Ravageurs ; à redouter : les Cochenilles, Acariens, Thrips et Nématodes *(Heterodera cacti).*

Maladies : pourriture du collet provoquée par divers Champignons (dont *Phytophthora cactorum*) ou Bactéries, favorisés par les excès d'humidité.

COMMERCIALISATION ET UTILISATION

Fréquemment présentées sous emballage en plastique transparent (petites plantes de collection) et en mini-jardins.
Potées fleuries très résistantes en appartement.
Décoration estivale au nord de la Loire, permanente dans le Midi.

Palmiers

Les Palmiers ont des caractères particuliers que nous rappelons brièvement :
— ils sont originaires des pays chauds et plus précisément des régions tropicales (Pacifique), subtropicales (Mexique, Brésil) ou méditerranéennes humides (Canaries) ;
— ils sont tous rustiques dans le Midi méditerranéen et doivent être abrités ailleurs en orangeries ;
— ils possèdent une tige caractéristique (stipe).

Un nouveau Palmier voisin du *Kentia* : le *Chrysalidocarpus*.

Chamaedorea; origine : Mexique

On cultive *Chamaedorea elegans;* feuilles amples, composées de 5 à 8 paires de folioles, longues de 10 à 20 cm et larges de 2 à 3 cm (jeunes plantes); la couleur du feuillage est originale (vert glauque) et le port souple. On l'appelle parfois « palmier nain », sa croissance étant relativement lente. C'est l'un des Palmiers les plus résistants en intérieurs.

Howeia (ou *Howea* ou *Kentia);* origine : Nouvelle-Guinée

On cultive surtout *H. forsterana (= H. forsteriana).* Feuilles composées de 3 à 13 folioles, longues de 20 à 50 cm et plus, larges de 2 à 3 cm; couleur vert franc. Robuste en appartements, halls, bureaux... mais il demande une exposition bien éclairée et redoute l'air trop sec (l'extrémité de ses folioles se dessèche puis se nécrose).

Phoenix; origine : Canaries

On trouve, en culture, *Phoenix canariensis* (le Dattier des Canaries). Feuilles à très nombreuses folioles de couleur vert foncé, légèrement repliées *vers le haut* le long de leur axe, raides et un peu piquantes. Le stipe apparaît assez rapidement;

sur une plante de 6 ans il mesure déjà 15 cm et sa couleur ocre est bien nette.
Très résistant en intérieurs clairs et bien aérés; contrairement au *Kentia* il supporte assez bien la sécheresse de l'air et une température relativement basse (5 à 10 °C).
Cultivé sur la Côte d'Azur (en Espagne et en Italie) pour la vente comme plante d'intérieur, pour le feuillage coupé et comme arbre d'alignement ou d'ornement.

Syagrus (Cocos); origine : Brésil

C'est l'espèce *Syagrus weddeliana* qui fait l'objet de cultures assez importantes. Aspect général voisin du Phoenix, mais feuilles plus légères, arquées, portant de fines folioles, de 10 à 15 cm de long et 0,5 cm de large, vert clair; elles sont légèrement repliées *vers le bas* le long de leur axe.
Elégant et gracieux, le « Cocotier nain » est assez robuste dans les locaux clairs et bien chauffés (15 °C au minimum); il redoute la sécheresse de l'air ambiant.

Autres genres nouveaux

Depuis quelques années les producteurs cultivent les Palmiers suivants :
Euterpe edulis, voisin du *Kentia*, souple, bien coloré.
Chrysalidocarpus lutescens *(= Areca),* voisin également; on peut le distinguer des genres précédents par ses feuilles à pétioles jaunâtres et à nombreuses folioles. Très drageonnant, forme une touffe très fournie. Mêmes exigences.
Cocos nucifera : c'est le Cocotier que l'on trouve sous la forme de sa « noix de coco » germée avec 3 ou 4 grandes feuilles. Importés de Martinique, de Côte-d'Ivoire...

MULTIPLICATION

Par **semis,** à partir de graines importées (Australie, Brésil) ou récoltées sur la Côte d'Azur. Date : février-mars. Technique : en caissettes ou (chez les spécialistes) en bâche chauffée (20 à 30 °C) sur un lit de tourbe humidifiée constamment ou en caisses de germination placées à l'obscurité.

Semis de *Phoenix* directement en godets de culture (Hyères).

La germination est longue et parfois capricieuse c'est-à-dire très échelonnée dans le temps (*Chamaedorea* : 2 à 6 mois; *Kentia* : 2 à 12 mois et davantage...).
Remarque : on améliore la levée par trempage des graines pendant 48 heures dans de l'eau à 30 °C.

CULTURE

(en serre chaude ou tempérée)

Suite de rempotages (comme pour toutes les plantes à feuillage décoratif). Le premier s'effectue au stade deux feuilles en godets de 8, très profonds (10-12 cm) pour permettre à la racine pivotante de se développer.

Substrats : (pH : voisin de 6); exemple de substrat traditionnel : 1/3 terre de jardin, 1/3 terre de bruyère ou tourbe, 1/3 terreau de feuilles.
Les substrats à base de tourbe enrichie (amendée éventuellement en laine de roche) sont très utilisés.

Soins culturaux

Température : 15 à 20 °C; H.R. : 80 %;
Arrosages réguliers;
Fertilisation mensuelle (équilibre : 1-1-1) à 1-2 g/litre.

Durées de culture

Elles sont variables (*Euterpe, Chrysalidocarpus, Phoenix...* : 2 ans 1/2; *Kentia, Chamaedorea :* 3 à 4 ans...).
Cette durée doit être réduite avec l'utilisation de plants issus de micropropagation *in vitro* qui commence à être pratiquée par certains établissements horticoles.

ENNEMIS

Les Palmiers sont fréquemment attaqués par les **Cochenilles**; une maladie parfois dangereuse (taches sur le feuillage), et provoquée par ***Graphiola phoenicis.***

COMMERCIALISATION ET UTILISATION

Décoration des appartements; très utilisés par les services des jardins de ville (hivernage en orangerie).
Décoration des jardins et avenues dans le Midi.

Chapitre IV

Les productions de fleurs coupées

I — PLANTES LIGNEUSES

Rosier de serres

Rosa X — Rosacées

Nous sommes en présence d'une culture *très spécialisée* qui occupe près de 400 ha sous serres (770 ha aux Pays-Bas, 460 ha en Italie, 230 ha en R.F.A.) et dont les deux centres de production principaux sont : la Côte d'Azur (Alpes-Maritimes et Var) : près de 250 ha dont 150 ha dans le Var et la région parisienne (essentiellement la Brie) : près de 50 ha.

Qualités recherchées

Tige longue et rigide : 70 à 80 cm en France, davantage en Italie ; plus courte en Europe du Nord : 50 à 70 cm.
Feuillage vert brillant.
Fleurs : épanouissement lent, bonne tenue en vase, coloris vifs.
Bonne floribondité (= rendement par pied ou par m^2).
Bonne résistance aux maladies.
Aptitude à être cultivés à température plus basse (l'une des qualités les plus importantes actuellement).

Classification des cultivars (pour l'Europe) :

Grandes roses :
Rouges (40 à 60 % de la demande) : 'Baccara' (de moins en moins cultivé), 'Bingo', 'Carambole', 'Chamade', 'Koba', 'Ilona', 'Red Success', 'Royal Red', 'Samantha', 'Véga', 'Visa',...
Roses (20 à 40 %, en augmentation) : 'Lancôme', 'Lara', 'Oméga', 'Sonia' (représente, à lui seul, 60 à 70 % de la production)...
Jaunes (10 à 20 %, en augmentation) : 'Aalsmeer Gold', 'Carte d'Or', 'Cocktail 80', 'Marella'...
Blanches : 'Carte Blanche', 'White Satin', 'White Success'...
Bicolores : 'Candia', 'La Minuette', 'Simona'...

Petites roses :
Elles ne représentent, en France, que 10 à 20 % de la production contre 50 à 60 % aux Pays-Bas.
Rouges : 'Belinda' (orange), 'Mercédès', 'Motrea' (le plus cultivé aux Pays-Bas), 'Red Garnette', 'Zorina'...

'Sonia' au stade bouton coloré.

Roses : 'Carol', 'Marimba'...
Jaunes : 'Evergold'...
Blanches : 'Bonica'...

A noter que des mini-roses pluriflores ont été créées récemment : 'Mimi' (rose, blanc)...

MULTIPLICATION

Nous nous en tiendrons à l'essentiel, la multiplication du Rosier de serres étant du domaine de la Pépinière. Deux cas sont à envisager :

Obtention de porte-greffes

Elle se réalise soit par *semis (R. canina)* en février-mars et même plus tôt (novembre) chez certains obtenteurs, soit par *bouturage (R. indica* 'Major', *R. manetti)* en septembre dans le Midi.

Obtention du plant

Le greffage en écusson est le plus souvent pratiqué : de mars à mai (Midi), en juillet-août (ailleurs).

Trois porte-greffes sont employés :

R. canina 'Inermis' (Eglantier); employé en Brie et en Europe du Nord mais peu adapté à la culture hivernale (repos de végétation marqué); peu résistant à la sécheresse; drageonnant; moins coûteux que *R. indica.*
R. chinensis 'Major' *(R. indica* 'Major'); c'est le plus employé (70 à 80 %) pour les raisons suivantes : il résiste à la sécheresse (grâce à son enracinement profond), au calcaire actif, et permet les cultures *hivernales* (pas de dormance).
Autre clone : 'Fredica' (I.N.R.A. de Fréjus) adapté à la culture à température plus basse.
R. noisettiana 'Manetti' *(R. manetti) :* bien que présentant un système radiculaire faible et superficiel, il est employé dans les cas d'incompatibilité de certains cv. avec *R. indica :* 'Sonia', 'Véga', 'Evergold', 'Candia'... ; cependant il est plus exigeant en température.

Micropropagation in vitro

La production du Rosier *in vitro* est maintenant au point; le comportement des plants en culture pour la fleur coupée est à l'étude.

CULTURES

Types

On peut distinguer « grosso-modo » deux types de cultures : en serres chauffées et en serres (ou abris) non chauffés.

En serres chauffées

C'est le type le plus moderne : on le rencontre en Brie et en Europe du Nord plus généralement mais aussi sur la Côte d'Azur.

Caractéristiques générales des serres :
Grandes dimensions (50 × 20 m et plus); hauteur des piédroits suffisante (2 à 3 m) pour les « grandes roses ».

Conditions à respecter :
— luminosité importante;
— aération aisée, manuelle ou automatique, par ouvrants latéraux et de faîtière, souvent complétée par une ventilation réalisée soit par de simples brasseurs d'air, soit par des ventilateurs extracteurs (dépression ou surpression).
Avantages : abaissement du degré hygrométrique et contrôle des maladies (Botrytis, Mildiou); à la limite on peut installer le cooling-system (Côte d'Azur).

Températures minimales de jour : 18 °C (au nord de la Loire) et 16 °C (dans le Midi): températures minimales de nuit : 13-14 °C (au nord) et 10-12 °C (dans le Midi). Ces températures correspondent au stade du bouton formé. Elles seront relevées de *trois à quatre degrés* après une coupe de fleurs et pendant trois semaines.

Arrosages et bassinages : réalisés par des canalisations munies de gicleurs et disposées au milieu des rangs ou des planches, à 20-30 cm au-dessus du sol.

Humidité relative : 65 à 70 % (80 à 90 % pour le « débourrement » des bourgeons au départ de végétation après repos de végétation).

Apport de CO_2 : après le « débourrement » il peut être judicieux d'apporter du CO_2 (1 000 ppm); cette technique est peu pratiquée en France.
Avantages : gain de précocité (10 jours), feuillage vert foncé, tiges plus rigides, rendements supérieurs (+ 10 %).

En serres ou sous abris non chauffés

Il s'agit d'abris de type ancien (« serres à 4 » du Midi) ou de serres plus modernes qui peuvent recevoir un chauffage d'appoint (à air pulsé par exemple).

Sols et fumures

Sols

Le Rosier restant 6 à 7 ans en place et plus, les racines doivent trouver un sol perméable et aéré pour se développer facilement; améliorations : drainage (évacuation de l'eau et des excès de sels) et apports de matière organique (fumier : 20 à 25 kg/m², souvent *beaucoup plus*; tourbe : 5 à 10 kg/m²).

Culture de Rosiers avec chauffage localisé du sol (entre les 2 rangs) et de l'air au niveau des plants (Hyères).

La nature des sols est très variable (terres à blé de la Brie, terrasses alluvionnaires du Midi méditerranéen...).

Exigences du Rosier :
— pH : 6 à 7;
— teneur maxima en calcaire actif : 10 %.

Fumures

de fond : Après défoncement à 60 cm de profondeur, et désinfection à la vapeur qui réchauffe le sol, on apporte la fumure de fond organique (voir plus haut) et minérale *en fonction* des résultats d'analyse du sol (superphosphates ou supertriples, sulfate de potasse ou patentkali...);

d'entretien : Le Rosier est une plante ligneuse dont les exportations en éléments fertilisants sont importantes (et augmentent avec « la culture continue »); il est classé dans le groupe III de Penningsfeld.
Pour les cv. modernes donnant de très bons rendements (15 à 25 fleurs/pied/an), les exportations sont les suivantes (en g/m^2 et par an) :

N	P_2O_5	K_2O	MgO
100	25	100	20

L'équilibre de la fumure d'entretien est donc : 1-0,25-1 (0,2) (Moulinier - Antibes). D'autres auteurs ou laboratoires d'analyses préconisent : 1-0,3-1,2 (0,5) ou 1-0,3-1,3 (0,3).
La fumure d'entretien peut être la suivante (exemple) :

organique : 10 kg de fumier par m^2 et 1 à 3 kg de tourbe après la taille, dans le cas d'une culture avec repos de végétation ;

minérale : apport d'une solution contenant :
800 g d'ammonitrate (33 %) :
300 g de phosphate d'ammoniaque (20 % + 50 %);
900 g de nitrate de potasse (13 % + 44 %);

200 g de sulfate de magnésie (40 %);
pour 1 000 l d'eau (soit à 2,2 ‰) et à raison de 15 l de solution par m^2 : une fois par mois en hiver et deux fois par mois, de mars à septembre.

On peut également réaliser cette fertilisation avec des **engrais solubles** du commerce comme par exemple : 21-7-21 à la dose de 2 g/litre une fois par mois en hiver et deux fois par mois de mars à septembre.

Mise en place

Date : de novembre à mars.

Distances :
Il y a une dizaine d'années on plantait en planches de 6 rangs (entre les rangs : 30 cm ; sur les rangs : 20 à 30 cm), soit à une densité minimale de **10 plants/m^2 ouvert.**

Inconvénients : entretien et cueillette difficiles, végétation ralentie en milieu de planche...

Actuellement, on plante sur 4 rangs (60 × 15 cm) chez les rosiéristes non spécialisés, et surtout sur **2 rangs** (40 × 20 ou 60 × 12,5 cm) avec passepied de un mètre au moins chez les rosiéristes spécialisés, soit à une densité de **6 à 8 plants/m^2 couvert.**

Avantages : entretien plus facile, investissement moins important, rendements comparables ; parfois même on plante sur un rang avec passe-pied de 1,20 à 1,50 m (5 à 8 cm sur le rang).

Plantation : la plus rapide possible afin d'éviter le dessèchement des plants qui sont rabattus à 20 cm ; arrosages abondants (100 l d'eau/m^2) et, éventuellement, paillage des rangs ou couverture avec tunnel de plastique jusqu'à la reprise. Maintenir le point de greffe à 5 cm au-dessus du sol.

La durée de la culture est de 6 à 7*ans en moyenne* (souvent davantage).

N.B. : la culture hors sol est expérimentée en France ; les premiers essais sont en cours dans le Var.

Conduites de la culture

Les rosiéristes recherchent en général une production de fleurs : pour les fêtes de fin d'année, pour mars-avril et pour mai-juin (cérémonies, fête des Mères...).

En fonction de la région (insolation hivernale), des cultivars (peu exigeants en température : 'Visa', 'Mercédès', 'Sonia', plus exigeants : 'Baccara', 'Lara'...), des débouchés et, surtout, des charges de chauffage, trois principes de conduite peuvent être pratiqués.

1. Repos végétatif en janvier et taille en février

Le repos de végétation est obtenu par arrêt du chauffage. Taille assez courte sur le premier bois de l'année (50 à 80 cm).

2. Repos végétatif en juillet-août et taille en septembre

Le repos correspond aux mois les plus chauds de l'année et à la faible demande en fleurs coupées ; il est réalisé par arrêt des irrigations. Taille assez longue (0,80 ou 1 m).

La plantation vient d'être effectuée (sur 2 rangs); remarquer les points de greffe au-dessus du sol et dirigés vers le rang.

Deux mois après la plantation : les premières pousses ont été pincées.

Cette taille permet, en principe, la récolte d'un plus grand nombre de fleurs. Elle est pratiquée dans le Midi (et parfois ailleurs) pour assurer une production de fleurs à partir de la mi-octobre.

3. Culture continue

Elle permet la récolte des fleurs tout au long de l'année; il n'y a pas de taille systématique mais à partir de janvier on coupe en « décrochant » (voir schéma « Coupe des fleurs ») ce qui permet de réduire la hauteur du Rosier.

Opérations culturales

Rappelons pour mémoire : le ***rabattage*** lors de la plantation et la ***taille.*** Ces deux opérations sont complétées par :

Les pincements : ils sont pratiqués sur jeunes plants pour favoriser leur ramification (au-dessus de la 5e feuille à 5 folioles) et sur plants en production pour échelonner les récoltes et les programmer; dans ce cas le pincement s'effectue au-dessus de la 2e ou 3e feuille à 5 folioles.

Avantages : nombre de fleurs récoltées plus grand (× par 1,5);

Inconvénients : retard à la floraison (un mois en moyenne).

Remarque : certains rosiéristes pratiquent l'arcure ou bien le cassage partiel des rameaux en cours de végétation, ce qui permet le départ de plusieurs bourgeons du dessus, donnant des rameaux vigoureux.

Les éboutonnages

Ils sont pratiqués une fois par mois pour les « grandes roses », et une à deux fois par semaine pour les « petites roses ».

La récolte des fleurs

Elle se réalise selon les régions et le cultivar au stade bouton plus ou moins ouvert (en général un ou deux sépales étalés), en général le matin.
La coupe est effectuée le plus souvent au-dessus de la 2ᵉ feuille à 5 folioles, avec un sécateur spécial maintenant la fleur coupée et permettant de la prélever. Tenir compte : de la vigueur, du type de culture, du cultivar et du prix offert (longueur de la tige).

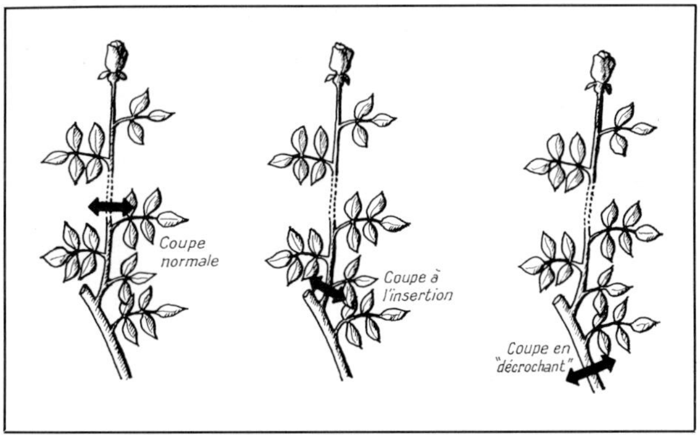

La coupe des fleurs

Coupe normale : au-dessus de la 2ᵉ feuille à 5 folioles (= coupe en « montant »).
Coupe à l'insertion : coupe très courte pour cultivar très vigoureux.
Coupe en « décrochant » : dans le cas des cultures continues, lorsque les fleurs atteignent le vitrage.

Rendements en culture continue

Avec les « grandes roses » on obtient des productions allant de 7 à 8 fleurs/pied ('Baccara') à 9-10 fleurs ('Lara'), à 12-14 fleurs ('Visa') et 15 à 20 fleurs ('Sonia', 'Bingo'). Tiges de 50 à 80 cm.

Avec les « Mini-roses » on dépasse presque toujours 20 fleurs/pied mais les tiges sont moins longues : 40 à 60 cm.

Les rendements sont très variables d'une région à l'autre, d'un pays à l'autre ; ils varient également avec les techniques de production et le chauffage des serres.
Le nombre de récoltes possibles par an se situe entre 4 et 7 (4 en « coupe réglée » dans le Midi et 7 en culture continue).

L'intervalle entre deux coupes (temps de « montée ») est :

en hiver de 50 à 70 jours pour les « Grandes roses », de 40 à 50 jours pour les « Mini-roses » ;

Développement d'un rameau à fleur (cv. 'Sonia') après récolte ; la coupe s'effectue en laissant une portion de tige de 1 cm. De cette façon toute nécrose (parasitaire ou non) ne peut détruire le bourgeon situé au-dessous.

en été de 35 à 45 jours pour les « Grandes roses », de 30 à 35 jours pour les « Mini-roses ».

Soins culturaux

Entretien superficiel (binages) ; on réalise parfois le mulching : paillage à raison de 1 à 2 kg de paille par mètre carré ; apport de marc de raisin composté (dans le Midi) : 10 à 20 kg/m^2.

Chauffage : après le repos de végétation hivernal, la température de nuit est portée à 10-12 °C puis en quelques jours à 14-15 °C (mieux 18 °C) ; en culture continue ou « réglée » la température de nuit varie avec les zones de production et les cultivars : 'Baccara', 'Lara' nécessitent 18 °C de nuit alors que 'Sonia' se cultive à 15/16 °C et 'Visa' à 14 °C.

Arrosages : en fonction de la nature du sol, de son entretien, de la saison et de la région, on réalise un arrosage tous les quinze jours en hiver et deux à trois par semaine en été, en moyenne ; l'apport d'eau est de 20 à 30 litres par m^2.

ENNEMIS

Ravageurs

Puceron vert *(Macrosiphum roseae)* : puceron de 3 mm de long, verdâtre. Dégâts : les fleurs s'ouvrent mal, se déforment, la croissance est ralentie; lutte : nombreux produits efficaces, utilisés en pulvérisation ou fumigation (Oxydéméton-méthyle, Dicofol, Naled, Ométhoate...).

Acariens *(Tetranichus urticae* surtout*)*. « Araignées » jaunes appelées « Tétraniques tisserands » qui sont les ravageurs les plus importants en France. Dégâts : les feuilles prennent un aspect « plombé » puis tombent; les tiges sont raccourcies et les boutons mal formés; lutte : éviter un degré hygrométrique trop bas lié à une température trop élevée (plus de 20 °C). Traitement : voir au § Pucerons; ajouter : Dienochlor, Chlorphénamidine, Cynexatin...; lutte biologique avec *Phytoseilus persimilis.*

Nématodes (*Meloidogyne, Pratylenchus, Xiphinema* : vecteur de maladies à virus). Attaquent la partie souterraine (provoquent fréquemment des galles sur les racines puis leur pourriture); lutte : désinfection des sols; trempage des racines dans un nématicide. Apports d'Oxamyl, d'Aldicarbe...

Maladies (très fréquentes et très nombreuses) :

Oïdium *(Sphaerotheca pannosa)* = « Blanc », « Meunier »... Feutrage blanc à la face supérieure puis à la face inférieure des feuilles, sur rameaux et à la base des boutons floraux qui sont *endommagés*; lutte : vaporisation de soufre par « lampes à soufre », Dinocap, Bénomyl, Dodemorphe, Bupirimate, Triforine...

Mildiou *(Peronospora sparsa)* : grave dans le Midi, surtout en *serres.* Chute des feuilles; lutte : Manèbe, Zinèbe...

Botrytis *(B. cinera)* : conditions de développement identiques à celles du Mildiou. Duvet grisâtre sur les boutons ou au niveau des plaies de taille; taches de décoloration sur les pétales; lutte : Bénomyl, Vinchlozeline...

Maladies à virus : Mosaïque jaune.
Chute des feuilles et diminution de la vigueur.

Une vue (partielle !) des lots de Roses avant conservation en chambre froide dans leurs contenants, au veiling d'Aalsmeer (Pays-Bas).

Faux Mildiou ou chute non parasitaire des feuilles.

COMMERCIALISATION ET UTILISATION

Conservation des fleurs après la récolte en chambres froides (dans des bassins, paniers... remplis d'eau à + 3/+ 6 °C); l'utilisation de solutions de pré-traitement des eaux se pratique de plus en plus en Europe du nord.
Triage manuel.
Calibrage manuel ou automatique (calibreuses de fleurs).
Bottelages des fleurs (bottes de 20).
Les roses sont des fleurs coupées par excellence : très bonne tenue en vases (une semaine en moyenne).

Mimosa

Acacia - Légumineuses

Il nous semble indispensable de présenter en quelques lignes cette production qui est l'une des rares à être exportée (70 % en 1984).

Originaire d'Australie, le Mimosa fut introduit sur la Côte d'Azur vers 1850; d'abord utilisé comme arbre d'ornement, il fut planté, par la suite, pour constituer des cultures à caractère commercial que l'on trouve essentiellement dans le massif du Tanneron (près de Cannes). Ces plantations couvrent environ 500 ha (sur les 600 ha au total en France); les mimosistes leur associent souvent la culture de l'Eucalyptus pour le feuillage coupé.

Espèces cultivées

Acacia retinodes (= A. floribunda), à « feuilles entières; production du 15 septembre au 15 décembre; gèle à — 10/— 11 °C).
A. dealbata, à « feuilles composées, le plus cultivé; production du 15 décembre au 15 mars; gèle à — 14/— 15 °C. Nombreux cultivars; les plus cultivés sont : 'Mirandole' (forcé de mi-décembre à mi-février; il représente 80 % de la production) et 'Le Gaulois' (mi-février à mi-mars).
Ces arbres ont une durée de vie de 20 ans *(A. retinodes)* à 40 ans *(A. dealbata).* Les plantations sont malheureusement tributaires des gelées (1985) et des incendies qui peuvent anéantir la production pour plusieurs années.

Forçage

Ces rameaux sont récoltés « en vert », c'est-à-dire non fleuris; deux méthodes de forçage sont appliquées.

En forceries, chez le producteur :
Méthode traditionnelle consistant à placer les rameaux dans des locaux où la température élevée (> 25 °C) et l'H.R. voisine de la saturation (90 à 100 %) provoquent l'épanouissement des glomérules en 24 à 48 heures; la vente s'effectue aussitôt. La durée de vie en intérieurs est cependant très brève (1 à 3 jours); elle peut être prolongée si le consommateur utilise des solutions nutritives du commerce (Sévaflor, Chrysal...).

Chez le consommateur lui-même :
Les rameaux sont vendus « en vert », sous emballage vert (pour le distinguer du Mimosa forcé) avec un sachet de poudre permettant de fabriquer une solution d'épanouissement. Le forçage s'effectue donc chez l'utilisateur en plaçant les rameaux dans de l'eau tiède où l'on a dissout la poudre : en 1 à 2 jours on provoque la floraison qui dure une semaine environ. Cette méthode a été mise au point par la Coopérative « Europe-Mimosa » (Cannes).

2 — PLANTES HERBACÉES

Chrysanthème en culture dirigée

Nous avons déjà présenté la plante (voir « Plantes en pots ») et insisté sur son caractère nyctipériodique. Etant une application du photopériodisme, la culture ne peut s'effectuer qu'en serres ou sous grands tunnels.

Principes de base

Pour provoquer la floraison en jours longs (mai à juillet), on place les plantes artificiellement en régime de jours courts en les obscurcissant totalement à l'aide de toiles noires jusqu'à la coloration des boutons. La nuit artificielle est pratiquée de 18 heures à 8 heures du matin.

Pour retarder la floraison en jours courts (août à avril), on place les plantes artificiellement en régime de jours longs en les éclairant à l'aide de lampes à incandescence (150 W, à 3 × 3 m et à 2 m au-dessus du sol, soit 100 lux/m^2) jusqu'à ce que les plantes aient 30 à 40 cm de hauteur. Le jour artificiel est pratiqué dès la tombée de la nuit et sa durée varie de 2 heures en septembre à 5 heures en décembre-janvier.

Remarques
Pour limiter les risques d'échauffement dus à l'obscurcissement, on pratique par intermittence (ex. : 9 J.C. puis 12 J.L. jusqu'à la floraison).

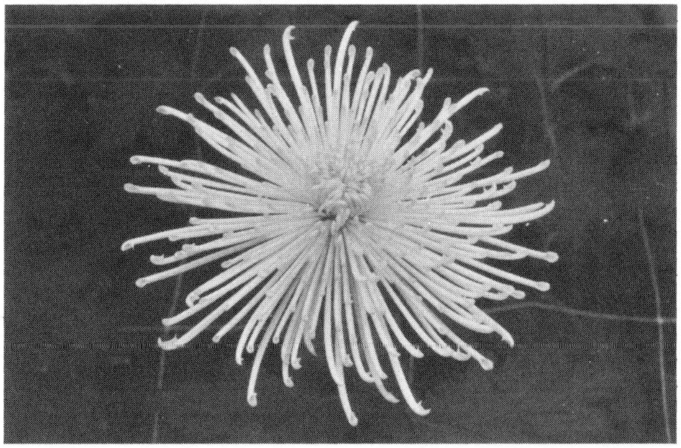

'Yellow Spider', excellent cultivar.

Pour éviter la mise en tension de la totalité de l'installation, on pratique un éclairage cyclique : par exemple 10 mn de lumière pour 30 mn d'obscurité pour une parcelle puis autant pour une autre, puis une troisième (avec 3 parcelles).

Conclusion : il est possible d'obtenir la floraison à une date bien précise, donc de programmer les cultures.

Choix des cultivars

On utilise que des cultivars à petites fleurs ou à fleurs moyennes (demi-grands capitules, alvéolés et spiders), classés en « semaines » (du début de l'obscurcissement à la floraison). *Exemples :* 'Accent' (fleurs simples, rouge-mauve), 'Dark Charmette' (fleurs simples, rose-mauve à cœur vert), 'Horim' (fleurs simples, blanc teinté de jaune), 'Morning Sun' (fleurs simples, jaune soufre), 'Refour' (fleur semi-double, blanc), 'Super White' et 'Super Yellow' (« Spiders », jaune et blanc à grand capitule)...

Importance économique : près de 200 ha en France ; plus de 500 ha aux Pays-Bas, 400 ha en R.F.A., 200 ha en Grande-Bretagne...

MULTIPLICATION

C'est un travail de *spécialistes* qui assurent, par ailleurs, aux horticulteurs un véritable *service après vente :* publication de brochures concernant la conduite de la culture (programmes, fertilisation...) ; fiches techniques ; visites et conseils techniques. Elle s'effectue par *bouturage ;* les boutures sont généralement issues de *cultures de méristèmes* ou de *traitements thermothérapiques* afin d'assurer une meilleure qualité sanitaire (indemnes de *viroses* en particulier).

CULTURE

Effectuée en serres ou sous grands tunnels de plastique.

Plantation de boutures en planches dans les mailles du grillage de tuteurage (1 m de large ; mailles de 12,5 × 12,5 cm par exemple).

Distances : 64 plants/m^2 au maximum, en été et 48/m^2 en hiver, soit, respectivement, 48 et 36 plants/m^2 couvert.

Température : 16 à 18 °C, *constante ;* certains cv. sont moins exigeants (15 à 16 °C), et même 13 °C (travaux de la Station I.N.R.A. de Fréjus).

Sols

Labourés préalablement puis fraisés et amendés en *tourbe* (3 kg/m^2) ; pH = 6,5 à 7.

A noter que la profondeur d'enracinement est relativement faible (20 cm) d'où l'importance d'une très bonne *préparation des sols.*

Fertilisation

Elle est *fondamentale* compte tenu de la vitesse de croissance ; exportations (en g/m^2 pour 60 plantes/m^2 du cv. White Spider) :

N	P_2O_5	K_2O
45,2	6,77	62,6

soit l'équilibre : 1-0,14-1,4.

Plantation de Chrysanthèmes. Remarquer les ampoules à incandescence (à la partie supérieure), les armatures métalliques (support des grillages) et les toiles noires.

Exemple :
Fumure de fond : fumier bien décomposé (1 000 à 1 500 kg/a), 1 fois par an, et supertriple (suivant l'analyse du sol); cette fumure est de moins en moins pratiquée.
Fumure d'entretien : phosphate d'ammoniaque (la première semaine) puis arrosage aux engrais solubles (équilibre : 1-0,2-1,5) à la concentration de 1,5 à 2 g/litre, tous les 10 à 15 jours ; à l'apparition des boutons floraux : nitrate de potasse.

Ou bien, *plus simplement,* on fertilise avec des engrais complets (17-9-30 par exemple), toutes les semaines, à la dose de 2 g/litre et à raison de 5 à 10 l/m^2 suivant la saison, le sol, l'état de la végétation...

En pratique : il est possible de planter toute l'année ; la durée d'une culture étant en moyenne de trois mois, on peut réaliser trois cycles de culture donc *trois récoltes par an* et en application des principes énoncés, planifier la production de manière très précise.

Opérations et soins culturaux

Pincements : sauf exception, les plantes ne sont pas pincées ; on recherche une « branche fleurie » bien droite et très garnie en capitules.
Réserve des boutons : en serres on n'obtient que des boutons-terminaux ; en général on supprime le B.T. de l'extrémité et on laisse la plante se mettre à fleur naturellement.
Conduite du photopériodisme : les multiplicateurs indiquent sur des fiches les conditions d'éclairage et d'obscurcissement selon les cultivars et les époques pour obtenir les floraisons à des dates déterminées.
Arrosages : réguliers, de façon à ce que le sol ne se dessèche jamais (1 à 2 fois par semaine en fonction du temps, du sol, etc.) ; H.R. : 70 à 80 %.
Apports de CO_2 : à la dose de 1 000 à 1 500 ppm, ils donnent les résultats suivants : induction florale plus uniforme ; tiges rigides ; fleurs plus colorées ; floraison plus précoce (+ 10 jours).
Tuteurages : avec plusieurs grillages métalliques relevés au fur et à mesure de la croissance des plantes.

Récolte des fleurs : arrachage des plantes lorsque 50 % des fleurs sont épanouies (soit 3 à 5 fleurs par pied).
Conservation en chambre froide dans de l'eau (avec, éventuellement, une solution de prétraitement) : + 4 à + 6 °C avec H.R. = 60 % à 70 %.

ENNEMIS

Les ennemis les plus fréquents sont :
Acariens : décoloration, déformation du feuillage ; lutte : nombreux acaricides à utiliser en alternance : Diénochlor, Aldicarbe...

Pucerons : affaiblissement des plantes, déformations ; lutte : nombreux aphicides.

Botrytis cinerea : pourriture des boutons et des fleurs ; lutte : contrôler les conditions climatiques ; fongicides : Zinèbe, Mancozèbe, Bénomyl, Vinchlozoline, Iprodione...

Rouille blanche : maladie à redouter ; lutte : Triforine, Oxycarboxine, Bénodanil...

COMMERCIALISATION ET UTILISATION

Les boutures sont livrées en sachets de plastique conditionnés dans des cartons étanches.
Fleurs coupées d'excellente tenue en vase *(2 à 3 semaines)* dont l'utilisation est généralisée dans nos intérieurs malgré l'*a priori* qui se rapporte à la plante !

Gerbera

Gerbera X — Composées

La culture du Gerbera est relativement récente en France (1970) ; son essor est surtout important dans le sud de la France et dans la vallée de la Loire.

Origine géographique : Afrique du Sud *(Gerbera jamesonii, Gerbera viridifolia...)* comme *Pelargonium zonale* ou *inquinans*.

Caractères morphologiques : plante à racines fasciculées pivotantes (60 à 80 cm et plus), à feuillage banal (ressemblant au pissenlit) et à fleurs très *élégantes :* capitules de coloris très vifs (rouge, rose, jaune, blanc, à « cœur » plus ou moins foncé...).

Nombreux hybrides : allemands, hollandais, français... On cultive deux types de plantes :
Populations : issues de semis, plus ou moins homogènes, de moins en moins utilisées par les producteurs.
Clones (quelques exemples) : 'Clémentine', 'Junon' (orange, 'Peter', 'Montmartre', 'Frégitane' (rouge), 'Appelbloesem', 'Fleur', 'Valentine', 'Frésultane', 'Frésamande', 'Frésaline' (rose), 'Midas' (jaune) ; ces clones sont **de plus en plus cultivés.**

Physiologie : indifférent au photopériodisme ; tous les facteurs favorables à la croissance (température, lumière) augmentent la floraison.

Importance économique : près de 40 ha en France (dont 20 ha dans le Var) ; 275 ha aux Pays-Bas, 60 ha en RFA, 45 ha en Italie...

MULTIPLICATION

Les plants de Gerbera sont obtenus par semis, bouturage ou micropropagation *in vitro.*

Gerberas 'Happipot' présentés aux Floralies de Nantes.

Semis

Chaque fleur donne une cinquantaine de graines (1 g = 200 graines environ) dont la faculté germinative est courte (1 à 2 mois).
Semis de juin à janvier (pour floraison printanière ou hivernale).
Température : 20 à 25 °C.
Substrat léger : terre, terreau et sable ou tourbe pure. Les « graines » sont placées en caissettes, à 3 × 3 cm ; la levée demande 10/15 jours.
Les jeunes plants sont repiqués en godets de tourbe pressée ou bien en « Jiffy-seven », et élevés sur tablettes chauffées (18 °C).

Le semis est également employé pour **la production du Gerbera en pots** qui tend à se développer en Europe ; on utilise des clones génétiquement peu vigoureux tels que 'Happipot' (américain) et 'Parade' (allemand) par exemple.

Bouturage

Le pied-mère est arraché, les feuilles supprimées, les racines rabattues à 10 cm environ ; on le place en mist-system (25 °C) ou sous petit tunnel de polyéthylène et on prélève pour le bouturage les bourgeons qui se développent lorsqu'ils ont 2 ou 3 feuilles ; ceux-ci sont placés en tablette à multiplication (25 °C et H.R. 80 % ; l'utilisation d'hormones est conseillée). L'enracinement demande 15 à 20 jours.
Un pied-mère d'un an donne 20 à 40 boutures qui sont livrées en racines nues.

Culture in vitro

On cultive en tubes puis en bocaux des fragments de capitules très jeunes (ou parfois des méristèmes) ; l'obtention des plants se réalise en 3 à 4 mois. Leur état sanitaire est excellent (ils sont, en particulier, exempts de *Phytophthora*).

CULTURE

Conditions climatiques de la serre

Températures : 13-15 °C en hiver (mais on peut descendre à 12 °C en régions à fort ensoleillement ; 18-20 °C en été).

Des températures trop basses provoquent des déformations de pédoncules floraux ; à noter que la température minimale biologique (zéro de végétation) est 8 °C.
Des températures plus élevées améliorent les rendements mais les pédoncules sont grêles.
C'est un *facteur limitant* de la production, en particulier la température du sol ; des essais de chauffage localisé de celui-ci (19 °C) nous ont permis de tirer les conclusions suivantes : l'augmentation de productivité due au chauffage du sol est très variable avec les cultivars (+ 27 % pour 'Clémentine', aucun effet pour 'Frésultane') ; la qualité des fleurs n'est guère influencée aussi bien en ce qui concerne le diamètre des capitules que la longueur des pédoncules.

Lumière : c'est l'autre facteur limitant ; plante héliophile, le Gerbera nécessite un bon éclairement hivernal (serres très claires, à vitrage propre).

Hygrométrie : en fonction de la température : 60 à 70 %.

Techniques culturales pour la production en pleine terre

Plantation de mars à juin (surtout en mai-juin), en planches de 4 ou 2 rangs, à 40 × 40 cm (6 à 7 plants par m^2 ouvert), sans enterrer le collet (on peut surélever les planches de 10-20 cm ou planter en billons pour assurer un meilleur écoulement de l'eau). Placer *éventuellement* un lit de gravier de quelques centimètres au pied de chaque plant.
Durée d'une culture : 2 ans (ou 1 an s'il y a risque de développement de maladies).

Sols (pH : 6,5 à 7,8)

Nombreux types de sols, **très perméables** (drainés à 80 cm de profondeur), *très meubles*, défoncés à 60 cm, désinfectés et amendés en fumier *bien décomposé* ou en *tourbe* (4-5 kg au mètre carré).

Fertilisation

Les exportations (en $g/m^2/an$, avec une densité de 6,25 plants par m^2 planté pour le cv. Frédaisy en sol chauffé) sont les suivantes :

N	P_2O_5	K_2O	CaO	MgO
44,6	8,0	97,5	29,5	8,1

(travaux de recherches L.M. Rivière, E.N.I.T.H., Angers).

D'où l'équilibre des prélèvements mesurés : 1-0,18-2,18 pour les éléments majeurs. A rapprocher des données de l'I.N.R.A. : 1-0,8-1,5 (Fréjus), 1-0,6-1,5 (Antibes).
Le Gerbera (et en particulier les cultivars modernes, très productifs) est une plante assez exigeante (surtout en K_2O).

Fumure d'entretien (exemple)

Réalisée avec deux engrais solubles (19-5-28 et 17-9-30), à la dose de 5 g/m^2 et par rapport, dans 10 litres d'eau.

Plant de Gerbera issu de multiplication in vitro, placé sur un pain de laine de roche après acclimatation (noter le capillaire permettant l'irrigation fertilisante).

Expérimentation sur la production du Gerbera hors-sol, en laine de roche (travaux de recherche H. Vidalie, M. Laffaire, L.M. Rivière, S. Charpentier et Coll.).

Rythmes d'apports : 2 apports par mois de 17-9-30 de novembre à février et 4 apports par mois de 19-5-28 de mars à octobre.

Soins et opérations culturaux

Comparativement à d'autres cultures de fleurs coupées, le Gerbera ne nécessite qu'un *entretien réduit* (économie de main-d'œuvre).

Arrosages : à contrôler de près, de façon à éviter les pourritures ; les limiter en hiver, les augmenter en été.

Suppression des feuilles : enlever les vieilles feuilles au fur et à mesure de leur dessèchement et celles atteintes de *Botrytis.*

Récolte des fleurs : lorsque les capitules sont bien épanouis, avec 2 ou 3 rangées d'étamines *visibles ;* on les « détache » soigneusement (en évitant de les arracher ou de les casser) par un mouvement de torsion en courbant le pédoncule.

Les rendements varient avec les cultivars, l'année de culture (1re ou 2e) et les régions de production.

En moyenne : 20 à 40 fleurs/pied/an.

La culture hors sol

Elle commence à se développer pour des raisons phytosanitaires. C'est un complément à la multiplication *in vitro* qui permet de produire des plants indemnes de maladies ; on constitue, de cette façon, une « chaîne du hors sol », ce qui permet de placer les plants dans les meilleures conditions sanitaires. Différents substrats de culture sont employés : la perlite pure, le mélange perlite et tourbe, la laine de roche ; cette dernière nous a donné de très bons résultats expérimentaux avec les cultivars 'Clémentine' et 'Valentine'.

ENNEMIS

Maladies

Le Gerbera peut être atteint par différentes maladies (Fusariose, Verticilliose et Septoriose) mais la plus grave et la plus fréquente est causée par :

Phytophthora cryptogea

Champignon du sol qui pénètre par les racines ou les blessures du collet ; provoque le flétrissement (avec couleur violacée) du

Présentation des fleurs de Gerbera en palettes (M.I.N. de Nice).

feuillage puis la mort rapide de la plante. Lutte : très difficile; utilisation de plants sains, désinfection des sols (le Bromure de méthyle est assez efficace); en cours de culture on peut essayer de traiter avec Métalaxyl + Folpel.

Ravageurs

Pucerons, Aleurodes, Acariens peuvent se développer rapidement; lutte : Méthomyl, Aldicarbe (la lutte biologique avec *Encarsia* est possible contre les Aleurodes).

Mineuse *(Lyriomyza trifolii)* : « mineuse serpentine » qui attaque le feuillage; fréquente dans certaines régions (sud de la France); lutte difficile : contre les adultes on peut utiliser la Bioresméthrine ou le Méthomyl et contre les larves l'Aldicarbe.

COMMERCIALISATION ET UTILISATION

Emballage dans des cartons spéciaux (palettes perforées) maintenant bien la fleur (15 ou 20 fleurs par palette). Excellente fleur coupée de *bonne tenue en vase* à condition de recouper la base du pédoncule floral et d'utiliser des solutions de prétraitement des eaux et de conservation. Température optimale après récolte : 9 à 10 °C.

Muflier

Antirrhinum — Scrofulariacées

Inflorescences en épis allongés dont les fleurs offrent des coloris *vifs et purs* très appréciés (jaune, orange, rose, blanc...). On cultive surtout pour la fleur coupée les Hybrides F 1 classés en groupes selon leur aptitude à la culture en jours plus ou moins *courts :*

groupe I : jours très courts; ex : 'Bismark' (rose).
groupe II : jours courts; ex : 'Apache' (rouge).
groupe III : jours intermédiaires; ex : 'Kansas' (bronze).
groupe IV : jours longs; ex : 'Potomac White' (blanc).

A noter que certains hybrides F 1 ont été sélectionnés pour leur aptitude à être cultivés à température assez basse (11 °C au lieu de 13 °C).

Importance économique : 20 à 30 ha, dont près de 15 ha dans le Var.

MULTIPLICATION

Semis : (1 g = 6 à 8000 graines).

Effectué de juillet à mars, en caissettes. Température : 20-22 °C. Substrat : mélange de terre, tourbe et terreau ; parfois on utilise la vermiculite pure.
Ne pas recouvrir les graines de préférence.

CULTURE

Repiquage

15 à 20 jours après le semis : en godets ou en plaques multipots ou en mottes pressées de 4 × 4 cm par exemple. Température : 10-12 °C de nuit, 15 à 16 °C de jour. Eviter de trop chauffer en hiver car, la luminosité étant faible, les plants ont une croissance trop rapide et ils s'étiolent.

Mise en place

La culture peut être conduite soit en serres, soit sous grands tunnels de plastique. A noter que l'on peut, dans certains cas, *ne pas repiquer*.

Plantation (au stade 6 à 8 feuilles) dans les mailles d'un grillage métallique de 12,5 × 12,5 cm : un plant par « maille » soit 64 plants au mètre carré et 48 à 50/m² couvert ; une telle densité permet d'éviter le développement des bourgeons axillaires.

Température : 16-18 °C après plantation puis 8 °C de nuit et 13-14 °C de jour.

Sols : poreux, bien drainés, humifères c'est-à-dire amendés en fumier et tourbe, en fonction de la nature du sol ; pH : 6,5 à 7.

Fertilisation : l'équilibre à rechercher est du type 1-0,25-1,7 ; éviter l'excès d'azote (mauvaise « tenue » des tiges).

Exportations (80 plants/m²) :

N	P_2O_5	K_2O
13,9	3,52	22,8

Serre moderne de production de Mufliers à différents stades de culture.

Exemple
Fumure de fond : fumier (4 kg/m²), super-phosphates (150 g/m²), sulfate de potasse (150 g/m²) en fonction de l'analyse du sol.

Entretien : solution à 2 g/l d'un engrais de type 17-9-30 deux à trois fois par mois par exemple.

Opérations et soins culturaux

Ebourgeonnages et éboutonnages réguliers, si nécessaire, de façon à obtenir une seule inflorescence (= plantes unitiges).

Arrosages réguliers et abondants; ex : en été, 15 à 20 l/m² deux fois par semaine; en hiver, 8 à 10 l/m², une fois par semaine.

Récolte des fleurs

La floraison débute normalement 120 à 140 jours après le semis. Récolte : lorsque tous les fleurons sont distincts les uns des autres, les premiers étant épanouis.
Au printemps et en été on veillera à ce que les abeilles et les bourdons ne pénètrent pas dans les abris de façon à éviter la fécondation des fleurs et leur chute. Pour ce faire, certains producteurs du midi installent le cooling-system dans leurs serres; elles sont donc « insect-proof » et, par ailleurs, on peut contrôler plus facilement la température ambiante.

ENNEMIS

Pucerons; ***Botrytis*** (excès d'humidité); **Rouille** *(Puccinia antirrhinii)*: sensibilité particulièrement atténuée chez les F 1.

COMMERCIALISATION ET UTILISATION

Après récolte, conservation des fleurs à température « fraîche » (10/12 °C); placer les épis dans des récipients assez profonds afin qu'ils soient maintenus droits sinon ils se déforment.
Bonne tenue en intérieurs (8 jours) avec solution nutritive.

Œillet

Dianthus caryophyllus - Caryophylacées.

Les premiers Œillets remontants adaptés à la production de fleurs coupées ont été obtenus vers 1845 à Lyon (O. des fleuristes). A partir de 1942, un sélectionneur américain, William SIM, a obtenu par hybridations et mutations une série d'Œillets portant son nom (« O. Sim » ou « O. américains »); ils ont été à l'origine du développement spectaculaire de la production en serres puis sous tunnels dans le monde entier à partir de 1950/1960.

Importance économique

France : 260 ha, dont 200 ha dans le Midi méditerranéen; Pays-Bas : 475 ha; Italie : plus de 1 000 ha...
La production se développe également en Afrique (Kenya...), en Amérique du sud (Colombie...).

Différents types cultivés

Jusqu'en 1975 on n'a cultivé que deux types d'Œillet : l'**O. niçois** (grosse fleur à calice fendu ou « crevard », produit sous abris simples et en plein air dans les Alpes-Maritimes) et l'**O.**

Œillet de type méditerranéen 'Chinera'.

Essais de nouveaux cultivars d'œillets de type miniature chez un obtenteur (Hyères).

américain (fleur moyenne à calice plus long et peu ou pas « crevard », cultivé sous serres ou tunnels).
Depuis quelques années, de nouvelles formes de plantes sont apparues :

Les O. miniatures, pluriflores (et parfois uniflores); ils représentent 20 à 30 % du marché français et 70 à 80 % du marché hollandais.

Les O. méditerranéens (hybrides entre l'O. niçois et l'O. américain, à calice non « crevard » et moins exigeants en température que les O. américains).
Actuellement, l'effort des sélectionneurs porte sur la création de cultivars résistants (ou tolérants) à une très grave maladie : la fusariose vasculaire provoquée par *Fusarium oxysporum* f. sp. *dianthi*. Ils proposent des clones dont la morphologie et les performances sont comparables à celles des O. américains; les cultivars sont classés en 4 groupes de « résistance » à la fusariose définis par Garibaldi (Italie).

Classification des principaux cultivars (pour l'Europe)

O. de Nice (surfaces en diminution); ex : 'Légion d'Honneur' (rouge), 'B.B.' (rose), 'Candide' (blanc).

O. américains ou Sim ou Standards (mono ou uniflores); ex : 'Ember', 'Scania 3 C' (rouge); 'Le Rêve', 'Nora' (rose); 'Florence', 'Majestic' (blanc); 'Tangerine', 'Harvest Moon' (orange); 'Arthur Sim' (strié)...

O. miniatures ou Multiflores ou Pluriflores (parfois uniflores) **ou « Spray »**; ex : 'Niky', 'Elsy' (rouge); 'Silver Pink', 'Teddy' rose; 'Tony' (orange); 'White Elegance' (blanc); 'Tip-top' (strié).

O. méditerranéens ou O. hybrides uniflores; les plus résistants à la fusariose sont : 'Tanga', 'Hit', 'Amapola' (rouge); 'Pink Chinera', 'Pink Candy', 'Ronja' (rose); 'Pallas', 'Candy' (jaune); 'Sacha', 'Happy Candy' (bicolore); 'White Ronja' (blanc)... Ces Œillets sont de **plus en plus cultivés** et de nouveaux cultivars très tolérants apparaissent régulièrement.

Les coloris les plus demandés sont (comme pour le Rosier) : le rouge (50 %) et le rose (20 %).

Boutures racinées avant plantation.

Nous développerons essentiellement la **production des Œillets américains, miniatures et méditerranéens.**

MULTIPLICATION

Elle s'effectue par *bouturage* de rameaux feuillés (le semis étant réservé aux hybrideurs).

Bouturage traditionnel

En coffres, de novembre à mars, dans un substrat de terre sableuse (+ tourbe). Reprise en deux mois. Appliqué à l'Œillet de Nice.

Bouturage moderne

Comme pour le Chrysanthème (culture dirigée), il est réalisé par des établissements spécialisés qui font en même temps de la sélection.

Technique : boutures (10 cm) prélevées sur pieds-mères *sains,* placées en serres à multiplication modernes, avec installation du mist-system et sur substrat artificiel : perlite (75 %) + tourbe (25 %). Température : 18-20 °C. Reprise en trois semaines.

Les boutures sont conservées au froid à + 0,5/+ 1 °C ; la durée de stockage est de 15 jours pour les boutures racinées et de 2 mois pour les « cuttings » (boutures non racinées).

Pieds-mères : leur état sanitaire détermine la qualité de la bouture, en particulier l'absence de *virus.* Deux principes permettent d'éliminer les virus : la thermothérapie, (traitement par la chaleur à 38-42 °C pendant trois mois) et la culture de méristèmes. Ces deux méthodes sont complétées par des tests sur hôtes herbacés (Chénopode, Silène...) ou par des tests sérologiques (méthode E.L.I.S.A.) afin de contrôler l'élimination des virus.

Comme pour le Pélargonium la *certification sanitaire* est devenue officielle (depuis 1979) ; elle garantit que les boutures ont été produites avec un maximum de garanties sanitaires (maladies virales, cryptogamiques et bactériennes).

CULTURES

Types de cultures

Sous abris non chauffés : c'est le cas des Œillets de Nice, cultivés en plein air de mars à octobre et protégés par des châssis à partir de novembre.

Sous abris chauffés « en anti-gel » : c'est le cas des Œillets américains, miniatures ou méditerranéens produits sous tunnel.

En serres chauffées : culture moderne de l'Œillet.

Conditions climatiques de la serre :

Lumière : facteur dominant pour la croissance et la floraison, donc : bonne orientation des serres, châssis métalliques, propreté du vitrage... L'Œillet est une plante de **jours longs** (= héméropériodique); des essais ont montré qu'il était possible d'intervenir sur la floraison hivernale en plaçant les plantes en régime photopériodique favorable (E. Acati - Italie).

Ventilation : elle permet de contrôler les deux autres facteurs : température et hygrométrie.

Température : bien que l'Œillet ne gèle qu'à —5 °C, la formation des boutons à fleurs est pratiquement stoppée au-dessous de 8 °C et au-dessus de 25 °C.

Températures optimales

	Diurne	Nocturne
Hiver	15 à 18 °C	8 à 12 °C
Eté	21 °C	12 °C

Remarques

En été, en particulier dans le Midi, on peut avoir recours au cooling-system... ou bien on rabat les plantes (en juin).

Culture en terrasses sur les collines de la Gaude (près de Nice).

Œillet « américain », cultivar 'Le Rêve' :
— à gauche, calice éclaté : type « crevard » ;
— à droite, calice normal : type « non crevard ».

Les *variations brusques de température* provoquent l'*éclatement du calice* (caractère « crevard »); ce phénomène est fréquent dans les cas des cultures sous abris (type tunnel de plastique) chauffés en antigel (température minima maintenue à + 4 °C); nous avons pu montrer que, pour 'Le Rêve', le pourcentage de « crevards » atteignait 38 % sous tunnel alors qu'il ne dépassait pas 10 % en serres (travaux d'expérimentation H. Vidalie, D. Riolland et Coll.).

Hygrométrie moyenne : 70 % (à contrôler éventuellement par le cooling).

Sols et fumures

Sols : l'Œillet est cultivé sur des sols de types très différents et il s'en accommode.

Les caractéristiques suivantes peuvent être retenues :

— pH : 6,8 à 7,2.

— bon drainage, bonne aération; amendements possibles : apports éventuels de matière organique du commerce ou de fumier très décomposé (15 à 25 kg/m^2) mais son utilisation

Essais de culture d'Œillets miniatures et de Freesia sous grand tunnel chauffé en anti-gel (H. Vidalie, D. Riolland E.N.I.T.H.).

est cependant très discutée étant donné les risques de contamination des plantes.

Cultures hors sol

Compte tenu des dégâts très importants provoqués par la fusariose vasculaire, la culture hors sol s'est développée dans de nombreuses régions de production et, en particulier, le Midi méditerranéen. On utilise des bacs lourds ou légers (selon le type de réalisation) contenant des terres ou des sols « résistants » au *Fusarium* comme, par exemple, les sables de la vallée du Var ou de la Siagne. L'apport de calcaire (présence de l'ion Ca^{++} et relèvement du pH) permet également de se prémunir contre ce champignon pathogène (I.N.R.A. Antibes). L'O.N.I.F.L.H.O.R. apporte son concours financier pour la construction de ces bacs.
Avec la certification, la culture hors sol a permis de contrôler l'état sanitaire de l'Œillet dont la production était très compromise depuis une dizaine d'années.
On cultive également l'Œillet sur substrats artificiels (perlite, laine de roche) en Europe du nord, et parfois en sacs de plastique, en France.

Fertilisation - Fumures

Comme pour le Rosier les *analyses de sols* permettent seules de pratiquer une fumure raisonnée.
Les exportations (en g/m²/an pour une densité de 32 plants par m² planté) sont :

N	P_2O_5	K_2O	MgO	CaO
150	80	175	25	85

(Référence : I.N.R.A. Antibes).

Equilibres conseillés pour la fertilisation d'entretien, en fonction des saisons : septembre à mars : 1-0,4-1,3 ; avril à août : 1-0,3-0,9.

Exemples de fumure.

de fond : après défoncement à 50 cm de profondeur on peut incorporer :

Superphosphates .... 100 à 200 g/m²,
Sulfate de potasse .... 20 à 50 g/m²,
Sulfate de magnésie .... 100 à 150 g/m².

d'entretien

1 - Elle peut être pratiquée avec des **engrais simples** solubles comme suit : apport d'une solution composée de :

400 g d'ammonitrate
400 g de phosphate d'ammoniaque
1 200 g de nitrate de potasse
} pour 1 000 l d'eau (soit à 2/‰).

à raison de :

10 l de solution par m² (ou 1 000 l/are)
} — *Une fois* par mois en hiver
— *Quatre fois* par mois en période de forte production.

Culture d'Œillets miniatures en bacs « lourds » (Nice).

2 - On peut également réaliser cette fertilisation avec des **engrais complets** solubles du commerce.

Exemple : irrigation fertilisante avec engrais de type 19-8-16 en été et voir 19-5-28 en hiver, à la dose de 15 g/10 l d'eau et par m^2 (concentration : 1,5 g/litre). Des apports complémentaires de *nitrate de potasse* peuvent être envisagés en période hivernale en fonction des analyses de sol et de la qualité des fleurs dans les régions situées au nord de la Loire.

Chaque apport d'engrais sera suivi d'un *arrosage à l'eau pure* afin de ne pas dépasser une concentration en sels solubles de 2 à 3 ‰.

Mise en place

Date : avril à juin-juillet.

Distances : on plante en *planches* (« banquettes » dans le Midi) de 1,20 m de large ou bien en *bacs* (« bassins ») de 25 à 30 cm de profondeur avec passe-pied de 40 à 50 cm. Les distances de plantation sont en général de trois types :

— *20 × 15 cm* soit 33 plants/m^2 cultivé ou 20 à 25 plants/m^2 couvert ;

Avant pincement, 2 mois après plantation.

Après pincement : les bourgeons axillaires ont démarré. Noter que le grillage est relevé au fur et à mesure du développement des Œillets.

— *rangs jumelés* (12 × 12 cm) perpendiculaires à la largeur de la planche, et séparés les uns des autres de 20 à 25 cm, soit 40 à 45 plants/m² cultivé ou 30 à 32 plants/m² couvert;

— *en quinconce* dans les mailles d'un grillage métallique de 12,5 × 12,5 cm, en plantant une maille sur deux soit 32 plants/m² cultivé ou 20 à 24 plants/m² couvert; c'est la **technique la plus fréquente actuellement.**

Plantation : les boutures sont plantées superficiellement (pour éviter tout risque de blessure du collet, « porte d'entrée » des germes pathogènes) dans les mailles d'un grillage métallique ou dans une bague de fil de fer, ce qui est moins fréquent. L'arrosage qui suit la plantation permet un « buttage » des plants et assure la reprise; bassiner fréquemment pendant une semaine.

Durée de culture : *deux ans en moyenne* (et un an si la fusariose provoque des dégâts trop importants, en pleine terre).

Opérations culturales

Les pincements

On en compte généralement deux :

premier pincement : effectué au-dessus du 4ᵉ, 5ᵉ ou 6ᵉ nœud (en fonction du cultivar), 15 à 20 jours après la plantation,

deuxième pincement : effectué 30 à 50 jours après, sur les ramifications obtenues à la suite du 1ᵉʳ pincement, et au-dessus du 3ᵉ nœud.

En fonction de la date de plantation et de l'étalement des floraisons, on peut appliquer la règle suivante pour le *deuxième pincement :*
plantation en avril-mai ⟶ pincement de tous les rameaux ;
plantation en juin ⟶ pincement d'un rameau sur trois ;
plantation en juillet ⟶ pas de 2e pincement (sinon la production hivernale est trop tardive).

Les éboutonnages

Ils permettent de ne conserver qu'une fleur terminale dans le cas des *Monoflores* ; les « *Miniatures* » se conduisent de la même façon que les chrysanthèmes « Spider » : on enlève le premier bouton lorsqu'il mesure 3 à 4 mm de diamètre, et on laisse la floraison se produire normalement. Le gain de temps par rapport à l'Œillet monoflore est important pour le poste *main-d'œuvre* (de l'ordre de 20 %).

Les récoltes

Pour les Monoflores elles s'effectuent en général au stade où le bouton floral présente les pétales extérieurs *étalés ;* on cueille à un centimètre environ au-dessus d'un nœud des tiges florales avec 5 à 7 paires de feuilles (longueur supérieure à 50 cm).

Pour les Multiflores elles s'effectuent en général lorsque trois fleurs terminales commencent à s'épanouir (cueillette semblable aux Monoflores mais en « tirant » la tige vers le bas afin de ne pas abîmer les rameaux dans le grillage).

La première récolte a lieu trois mois et demi à quatre mois après la plantation.

Rendements : pour les *Monoflores* on compte en moyenne 6 à 10 fleurs par pied et par an ; le rendement est inférieur en 2e année. Sur les deux ans de culture on peut obtenir un rendement moyen de 12 à 16 *fleurs par pied ;* pour les *Multiflores* le rendement est un peu supérieur (10 à 20 %).

Remarque : en raison des températures estivales très élevées, les horticulteurs du Midi pratiquent fréquemment le *rabattage* de la culture (juin) à 35-40 cm. La nouvelle production débutera en *octobre.*

Soins culturaux

Ils se résument à *l'entretien superficiel* du sol en début de culture, aux arrosages (voir fertilisation) réalisés à partir de rampes aériennes et d'asperseurs ou de gaines souples perforées, et au tuteurage.

Tuteurage réalisé de différentes manières :

supports rigides en bout de planches et supports intermédiaires maintenant des fils distants de 15 cm et sur lesquels sont tendus des fils de coton transversaux à 20 cm les uns des autres ; on place 4 à 5 étages de ces grillages (distants de 20 cm) ; c'était la méthode employée par les producteurs d'Œillets de Nice ;

grillage prêt à l'emploi avec mailles de 12,5 × 12,5 cm ou 15 × 20 cm ; son utilisation se généralise.

filet en nylon du même type ; peu employé.

Désherbage chimique : on le réalise parfois avec des herbicides tels que l'oxadiazon et le chloroxuron.

ENNEMIS

Ravageurs

Pucerons *(Myzus persicae)* : assez fréquents ; vecteurs de Virus ; lutte : Dimethoate, Méthomyl...

Tordeuses *(Cacœcimorpha pronubana* et *Epichoristodes acerbella* - « Tordeuse sud-africaine ») : Lépidoptères dont les larves rongent les feuilles, perforent les boutons et les dévorent (3 à 4 générations par an) ; lutte : Parathion-Ethyl, Carbaryl, Trichlorfon...

Mineuse *(Pseudonapomyza dianthicola)* : Diptère fréquent dans le Midi. Les larves creusent des galeries dans les feuilles. Affaiblissement, dépréciation ; lutte : voir Tordeuse.

Acariens (divers Tétranychus) : taches jaunâtres et rougeâtres sur feuilles. Baisse de vigueur ; lutte : Dicofol, Tétradifon, Aldicarbe...

Nématodes : de nombreux Nématodes attaquent l'Œillet. Végétation ralentie, mauvaise coloration, dessèchement à partir de la base ; lutte : désinfection des sols (ne pas appliquer le Bromure de méthyle, phytotoxique pour l'Œillet).

Maladies

Verticilliose *(Phialophora cinerescens)* : « maladie bleue », se transmet par le sol et les boutures (maladie vasculaire). Flétrissement partiel ou total, sans pourriture (surtout en hiver) ; lutte : boutures saines, désinfection des sols. Traiter les boutures (Thirame, Bénomyl...).

Fusarioses : la plus grave, connue sous le nom de « maladie de la branche » est causée par *Fusarium oxysporum f. sp. dianthi* : **mêmes symptômes de flétrissement que pour la verticilliose ; dégâts très importants ; maladie très grave, à redouter** *(F. roseum* provoque des nécroses sur tiges).
Lutte : dans le cas du *F. oxysporum* il faut envisager de changer la terre sur 50 cm au minimum ou bien de cultiver en bacs ; on utilisera des sols « résistants » aux champignons et on choisira les cultivars les plus « tolérants » c'est-à-dire ceux qui appartiennent aux groupes I et II de Garibaldi.

Rhizoctone *(Rhizoctonia solani)* : « Collet ». Chancres au collet et flétrissement ; lutte : précautions à la plantation ; oxyquinoleïne.

Rouille *(Uromyces caryophillinus)* : « Charbon ». Taches puis crevasses sur tiges et feuilles, laissant apparaître les spores jaunes puis brunes. Surtout au printemps et en automne ; lutte : éviter un excès d'azote. Aération. Mancozèbe, Triforine, Oxycarboxine...

Pourriture des fleurs : provoquée par *Botrytis cinerea* (moisissure grise), en particulier sous tunnels ; lutte : aération contrôlée, T.M.T.D. - Captane, Dichlofluanide, Bénomyl.

Maladies à virus.

Mottle : décoloration peu nette des feuilles, (= « Marbrure »), diminution de la vigueur ; un des plus importants et des plus difficiles à éliminer car il monte très haut dans les méristèmes.

Ring Spot : taches annulaires, puis nécroses. Déformation des feuilles et des fleurs.

Vein Mottle : éclaircissement des nervures (= « Mosaïque »), panachure et déformation des fleurs.

Etched Ring : taches rondes au bord des feuilles. Dessèchement des plantes.

Streak (« Bigarrure »): décoloration en stries discontinues, jaunes. Dessèchement.
Lutte : thermothérapie et, surtout, **cultures de méristèmes in vitro** pour la production de boutures saines. Traitements aphicides réguliers.

COMMERCIALISATION ET UTILISATION

Conservation des fleurs en chambre froide; température : + 1 à + 5 °C. Triage, calibrage manuels.
Les Œillets de type standard (monoflores) sont conditionnés en bottes de 20 à 50 fleurs; les miniatures sont conditionnés en bottes de 10 fleurs avec un cône de protection.
Fleurs coupées *très populaires;* bonne tenue en vase (une semaine).

Strelitzia

Musacées

Originaire d'Afrique du sud; deux espèces principales : *Strelitzia augusta,* très vigoureux, 3 à 4 m et *Strelitzia reginae, le plus cultivé.*
Plante en touffe dont les racines sont fasciculées, longues et charnues (1 à 2 m). Feuilles longuement pétiolées, ovales; inflorescences portées par un long pédoncule; 1 (ou 2) spathes donnant 2 à 3 fleurs et parfois davantage.
Fleurs : 3 sépales oranges + 3 pétales bleu foncé (1 court et 2 accolés) + 5 étamines... d'où le nom : « Oiseau de paradis » !

Importance économique : près de 30 ha essentiellement sur la Côte-d'Azur, dont 25 ha dans le Var et 5 ha dans les Alpes-Maritimes; 40 ha aux Pays-Bas.

MULTIPLICATION

Par semis

Réservé à l'obtention de nouveaux cultivars et à la sélection, effectué en mai. Floraison en 6 à 7 ans.

Par éclatage

De mai à juin (selon les régions) c'est-à-dire après la floraison. Une touffe donne 4 à 10 éclats qui sont plantés directement en place.
On obtient une fleur dès la 1re année. La production devient importante après 3 à 4 ans.

CULTURE

Elle s'effectue soit en serres traditionnelles (très claires en hiver) au nord de la Loire, soit en « serres à châssis mobiles » ou traditionnelles dans le Midi.

Exigences

Climat : le Strelitzia gèle aux environs de — 3 °C; il nécessite une température nocturne hivernale de 12 à 14 °C au minimum pour les cultures du nord de la Loire mais un chauffage « antigel » est suffisant dans le Midi.

Touffe de *Strelitzia* de 7 ans; remarquer les qualités de ce clone : feuillage réduit et nombreux boutons à fleurs (Hyères).

Sol : peu exigeant mais il préfère des sols silico-argileux, humifères, profonds et *très bien drainés* ; pH ≃ 7 ou légèrement inférieur.

Préparation du sol - Fumures

Défoncement à 70/80 cm et apport de fumier (20 kg/m^2), de tourbe (5 kg/m^2) et éventuellement d'engrais azotés et potassiques (en fonction des analyses).

Plantation

En mai-juin (pendant le repos de végétation) à 1 × 1 m ou davantage.

Soins culturaux

Binages et nettoyages des touffes : enlever les feuilles mortes.

Arrosages : point très important puisqu'ils règlent la floraison : pendant la végétation, tous les 10 jours ; pendant la floraison, tous les mois, soit 700 à 800 mm au total, et pendant le repos de végétation : arrêt.

Fumure d'entretien : En période de végétation on apporte des engrais solubles (ou solides) riches en K_2O ; équilibre 1-1-2 ou 1-2-3. Pendant le repos : 2 à 5 kg de fumier par m^2.

Récolte des fleurs

Elle s'échelonne de fin août à mai et s'effectue au stade « une fleur sortie de la spathe ».
Rendements : 12 à 15 fleurs par pied (et beaucoup plus avec certains clones) après la 6e année.

ENNEMIS

Ils sont peu fréquents en général. (Pucerons, Acariens, Cochenilles). *Gleosporium* et *Botrytis* sur fleurs.

Alstroemère

Alstroemeria x — Amaryllidacées

Les Alstroemères (A. en abrégé) cultivées pour la fleur coupée sont des hybrides, issus de *A. aurantiaca, A. pelegrina, A. pulchella...* Les cultivars commerciaux les plus intéressants sont des obtentions des sélectionneurs américains, anglais et surtout hollandais : 'Rosario' (rose), 'Red Sunset' (rouge), 'Çanaria' (jaune), 'Régina' (rose), 'Orchid' (jaune)...
Originaires d'Amérique du sud (« Lis des Incas »), les A. possèdent une souche rhizomateuse à racines tubérisées ; les tiges florales portent ses feuilles verticillées et une inflorescence en ombelle d'aspect séduisant et d'excellente tenue en vase. Les plantes atteignent 1 à 2 mètres de hauteur.

Exigences : la rusticité est moyenne ; les A. sont héliophiles et demandent des sols profonds et bien drainés. Elles sont **peu exigeantes en température** d'où leur intérêt en production florale.

Physiologie : ce sont des végétaux de **jours longs** (peu fréquent) ; leur régime photopériodique général est : 13 h de jour/11 h de nuit.
Un éclairage photopériodique (100 lux/m^2) à partir de fin décembre permet d'avancer la floraison de 6 semaines par rapport aux plantes cultivées en photopériode naturelle.
La température joue également un rôle important ; l'induction florale est inhibée au-dessus de 20 °C.

MULTIPLICATION

Elle se fait surtout par division de touffes, tous les 2 à 3 ans, en août. Chaque fragment de rhizome doit être planté aussitôt en godet et maintenu à 18 °C pendant 4 à 8 semaines pour que la nouvelle plante se forme.

Plantation d'Alstroemères sous tunnel en novembre ; les gaines de chauffage et d'arrosages sont jumelées (Anjou).

Serre de production en novembre : les plants ont été éclaircis.

CULTURE

Une culture d'A. reste en place 2 à 4 ans ; elle s'effectue en serres ou sous grands tunnels.

Dates de plantation : de septembre à novembre.

Techniques : les distances de plantation sont assez grandes (50 × 50 cm) compte tenu de la vigueur des plantes ; on maintient les tiges avec 2 ou 3 hauteurs de grillage de tuteurage. Le sol doit être très bien préparé, drainé et ameubli à 50/60 cm de profondeur ; pH = 6 à 6,5.

Fertilisation

En fonction des analyses de sol on apportera du fumier bien décomposé et éventuellement du patentkali.
Sensibles aux excès de sels, les A. sont cependant exigeantes en azote et en potassium. L'équilibre optimum est : 1-0,2-1,2, d'où l'exemple de fertilisation d'entretien suivant :

à partir de janvier : engrais soluble 19-8-16, tous les 15 jours, à raison de 1,5 à 2 g/litre ;

dès que les boutons floraux sont formés : 17-9-30, tous les 8 jours, à 1,5/2 g/litre.

Soins culturaux

Température : en hiver, on maintient d'abord 10 à 12 °C puis 14 à 16 °C pour la formation et le développement des fleurs; ne pas dépasser 20 °C en été.

Arrosages : très réguliers et **copieux**; H.R. : 80 à 85 %.

Opérations culturales

Elles se résument aux éclaircissages, réalisés en hiver, et indispensables pour réduire la végétation exubérante (laisser environ 1/3 des tiges).

Récoltes des fleurs

En France et en Europe du nord on peut effectuer 2 récoltes par an, dont les dates varient avec les cultivars :

1re récolte : avril à juin;
2e récolte : octobre à décembre.

Les fleurs mesurent 40 à 60 cm et les rendements varient de 30 à 50 fleurs par pied et par an. Elles sont entreposées en chambre frigorifique à + 1/+ 2 °C.

ENNEMIS

Ils sont peu fréquents; les Pucerons et les limaces provoquent parfois des dégâts.

COMMERCIALISATION ET UTILISATION

Excellente tenue en vase (15 jours); l'emploi de solutions de pré-traitement des eaux chez les Horticulteurs permet un bon épanouissement des fleurs et évite le jaunissement des feuilles de la base.

ORCHIDÉES

Certains genres de la famille des Orchidées font l'objet de cultures importantes; il s'agit cependant de cultures très spécialisées (cf. Broméliacées...). Dans ce chapitre nous ne retiendrons que les trois genres les plus cultivés : *Cymbidium, Cattleya* et *Phalaenopsis.*

Cymbidium X

Orchidée à pseudo-bulbe (organe situé à la base des feuilles et constitué de tissus aquifères, gorgés d'eau; leur épiderme est dépourvu de stomates); feuilles longues, rubanées et fleurs (= fleurons) réunies en grappes dressées (20 à 80 cm et plus); les tiges sont transformées en rhizomes plus ou moins aériens; les racines sont charnues, peu ramifiées; elles jouent un rôle important dans l'alimentation en eau du Cymbidium : le tissu blanc qui les recouvre (velum) absorbe l'eau de ruissellement ou même l'humidité atmosphérique.

Origine géographique : contre-forts de l'Himalaya où elles sont *semi-terrestres.*

Deux groupes d'hybrides : à grandes fleurs et miniatures.

Coloris : rose, rouge, blanc, jaune, vert... (teintes pastel). Très cultivés aux U.S.A., aux Pays-Bas et en France.

MULTIPLICATION

Nous ne développerons pas cette phase de culture (voir les ouvrages spécialisées) mais nous la résumerons.

Multiplication traditionnelle : semis symbiotique (cf. travaux de N. Bernard en 1899) et semis asymbiotique *in vitro.*

Multiplication par cultures de méristèmes in vitro : (cf. travaux de Morel et Martin en 1955). Celle-ci permet de contrôler l'état sanitaire des plants (viroses) et d'obtenir une descendance parfaitement homogène avec une floraison dans un délai plus court (après trois ans de culture fréquemment).

CULTURE

Exigences climatiques

On distingue deux phases dans le cycle annuel de végétation :

période estivale : appliquer une température nocturne basse (14 °C maximum) pour déclencher la formation des ébauches florales ; température diurne maxima 28 °C ; éclairement normal ; la floraison est donc déclenchée par le thermopériodisme ;

périodes automnale et hivernale : pour la floraison, appliquer 12 à 15 °C de jour.

Rempotages

Les jeunes plants sont cultivés en godets de 7 (un an et demi) puis ils sont rempotés en 12 (« miniatures ») ou en 18 (« grandes fleurs ») ; de nombreux types de contenants sont utilisés : poterie traditionnelle ou plastique (le plus souvent en culture « commerciale ») et paniers plastiques, caisses grillagées...
Les plantes sont placées sur tablettes ou à même le sol (sur gravier).

Substrats et fertilisation

Exemples : écorce de conifère (60 %), tourbe blonde (20 %), et polystyrène en granulés (20 %) dont une couche de 1 à 2 cm est placée au fond du pot (drainage) ou bien : écorce (50 %), polystyrène (25 %) et mousse de polyuréthane (25 %) ; à noter que la culture en laine de roche se développe aux Pays-Bas en particulier : avec une fertilisation par solution nutritive les résultats sont très bons.

pH : 5 à 6.

Fertilisation en période estivale (après la floraison) : 1 ‰ de 18-18-18 tous les dix jours par exemple.

Soins culturaux

Arrosages réguliers de façon à maintenir la motte humide.
Contrôles de la *température estivale* (par cooling-system éventuellement).
Tuteurage des hampes florales.

Floraison

Selon les hybrides et cultivars la récolte des fleurs s'effectue de novembre à mai.

ENNEMIS

Botrytis (taches sur fleurs).

Pucerons et Thrips (déformation des fleurs).

COMMERCIALISATION ET UTILISATION

Emballage soigné des inflorescences (cartons remplis de ouate de cellulose). Les fleurons sont souvent conditionnés en petites boîtes transparentes, le pédoncule placé dans un tube contenant de l'eau.
Excellente tenue : 15 jours à trois semaines.
Les Cymbidium « miniatures » en pots sont de plus en plus cultivés comme potées fleuries ; ce sont d'excellentes plantes d'intérieur.

Cattleya X

Sous cette dénomination on trouve surtout des hybrides intergénériques : X *Laeliocattleya*, X *Brassocattleya* et X *Brassolaeliocattleya*.
Orchidées à pseudo-bulbes ; feuilles oblongues, épaisses ; fleurs élégantes groupées par deux, trois et parfois davantage.

Origine géographique : Amérique du sud et Amérique centrale où elles vivent en *épiphytes*.

Coloris : mauve, rose, rouge, blanc, jaune et bicolores...

MULTIPLICATION

Voir Cymbidium.

CULTURE

Exigences climatiques

Plante épiphyte des régions tropicales ou équatoriales, le Cattleya demande les conditions climatiques de la serre chaude (17-18 °C de nuit ; 28 °C de jour avec H.R. = 80 %) ; il faut aérer l'été.
La floraison peut être déclenchée par le photopériodisme pour certains hybrides (de *C. labiata* ou *C. trianaei*) ; ces Cattleyas sont des plantes de *jours courts* et il est possible de contrôler leur floraison. Traitement photopériodique : 8 à 10 semaines de jours courts (3 à 6 h/nuit) avec température voisine de 15 °C.

Rempotages

Cultures en godets puis en pots de 12 et de 16, traditionnels ou plastiques. Les paniers faits de lattes de bois et suspendus dans la serre ne sont plus utilisés que dans les collections. Les pots sont placés sur tablettes (parfois en « étagères »).

Culture moderne du Cattleya en pots de plastique. Floraison homogène d'un cultivar issu de « culture de méristèmes ».

Substrats et fertilisation

Traditionnels : racines de Polypodes et d'Osmondes auxquelles on ajoute du Sphagnum (avec charbon de bois pulvérisé).

Modernes : voisins de ceux utilisés pour le Cymbidium. Exemples : écorce de conifères (70 %), tourbe (20 %) et polystyrène ou perlite (10 %) ou bien : écorce (60 %), argile expansée ou pouzzolane (20 %), styromull ou mousse de polyuréthane (20 %).
pH : 5 à 6.
Apports d'engrais solubles à faibles concentrations (0,5 à 1 g/litre de 14-10-14 tous les 15 jours par exemple) suivis d'arrosages abondants à l'eau afin d'éviter tout excès de *salinité.*

Soins culturaux

Arrosages réguliers et bassinages fréquents.

Floraison

De novembre à mars.

ENNEMIS

Cochenilles, limaces.

Viroses (contrôlées par les cultures de méristèmes).

COMMERCIALISATION ET UTILISATION

Voir Cymbidium. Tenue de la fleur coupée : 8 à 10 jours.

Phalaenopsis X

Les Phalaenopsis cultivés sont des hybrides dérivant d'une vingtaine d'espèces *(P. amabilis, P. schilleriana...).*
Orchidée sans pseudobulbe (monopodiale) ; racines longues et charnues ; feuilles épaisses comme les *Cattleya.*
Fleurs en grappes, très élégantes, prenant naissance à l'aisselle des feuilles.

Origine géographique : zones tropicales et équatoriales de l'Asie du Sud-est et d'Australie où elles sont *épiphytes.*

Semis asymbiotique de *Phalaenopsis.*

Production de *Cattleya in vitro* à partir de méristèmes.

Coloris : blanc pur, rose, mauve et même jaune (les fleurs peuvent être rayées ou tachetées).

MULTIPLICATION
CULTURE

Voir *Cattleya*

COMMERCIALISATION
ET UTILISATION

Voir *Cymbidium* et *Cattleya;* vente en grappes fleuries de 7 à 8 fleurs au minimum.
Tenue de la fleur coupée excellente (15 à 20 jours).
La vente de plantes en pots se développe de plus en plus, en France en particulier; floraison de longue durée en intérieur (plusieurs mois).

3 — PLANTES BULBEUSES

(= Issues de bulbes)
Voir *chapitre V*

Chapitre V

Les plantes bulbeuses et la bulbiculture

I — PLANTES BULBEUSES A FLORAISON PRINTANIÈRE

Comme pour les plantes bulbeuses à floraison estivale, nous prendrons la précaution de dire que sous la dénomination générale de bulbes nous avons :

des bulbes véritables : Tulipes, Jacinthe, Iris, Narcisse ;

des cormes (ou cormus) : Freesia, Crocus ;

des tubercules vrais : Anémone ;

des racines tubéreuses ou tubérisées (ou tubercules au sens large) : Renoncule ;

des rhizomes : Muguet.

Ces plantes sont très cultivées et il s'en fait une consommation importante, étant donné leur diversité et l'éclat de leur coloris à une époque de l'année où ne fleurissent que quelques plantes bisannuelles et arbustes à fleurs. Cette floraison printanière peut d'ailleurs être avancée artificiellement par le *forçage.*
Le genre *Tulipa* étant le plus cultivé dans ce groupe, nous le prendrons comme exemple et traiterons les autres par comparaison.

Tulipe

Tulipa — Liliacées

Rappels de morphologie et d'écologie

Plante à bulbe tuniqué (la « tunique » est une enveloppe sèche de couleur brunâtre qui entoure le bulbe).
La Tulipe est rustique et se renouvelle, d'une année à l'autre, par des caïeux (petits bulbes se développant à la base du « vieux » bulbe). En général, un des caïeux prend une plus grande importance, le vieux bulbe se dessèche et est remplacé par le nouveau. On parle de bulbe à *renouvellement annuel.*

Origine

Les Tulipes cultivées ont pour géniteurs *T. gesnerana, T. suaveolens* originaires du Proche-Orient où le climat se caractérise par des étés chauds et secs et des automnes et hivers froids.

CLASSIFICATION HORTICOLE MODERNE

Notre classification est adaptée aux conditions climatiques françaises moyennes ; elle a été réalisée à partir de celle proposée par l'Association royale des cultivateurs de bulbes néerlandais.

1. ***Tulipes botaniques*** (= espèces encore cultivées)

T. kaufmanniana : 20 cm ; la plus hâtive (mars) ; coloris très vifs ; feuilles parfois striées de brun. Ex : 'Shakespeare'.

T. fosterana (= T. fosteriana) : 30 cm ; très hâtive ; très grande fleur ; coloris très vifs ; grandes feuilles. Ex : 'Mme Lefeber'.

T. greigii : 30 cm ; très grande fleur ; feuilles striées de brun. Ex : 'Petit Chaperon Rouge'.

2. ***Tulipes horticoles*** (= hybrides).

— **Hâtives** (floraisons mi-mars, mi-avril).

simples hâtives } 20/40 cm ;
doubles hâtives } ex : 'Ibis' (simple), 'Bonanza' (double).

Triomphe : 40/50 cm ; ex : 'Veuve-Joyeuse', 'Paul Richter'.

— **Mi-hâtives** (floraison mi-avril, mi-mai).

Hybrides de Darwin : 50/70 cm, floraison mi-avril ; ex : 'Apeldoorn', 'Golden Apeldoorn'.

Simples tardives (Darwin et Cottage) : 50/80 cm ; floraison en mai ; ex : 'Cantor', 'Scheepers' (très cultivées dans le Midi).

A fleurs de Lis : 50 cm ; floraison en mai ; tépales pointus et évasés ; ex : 'Aladin'.

— **Tardives** (floraison en mai).

Perroquet : 50/60 cm ; tépales découpés, frangés ; grande fleur ; ex : 'Texas Gold'.

Doubles tardives : 40/50 cm ; très grosse fleur (de Pivoine !) ; ex : 'Symphonie'.

Importance économique :

Le premier producteur mondial est la Hollande (6 000 ha pour l'élevage des bulbes de Tulipes dont près de 1 000 ha pour le seul cv. Apeldoorn).
En France la production de bulbes occupe 90 ha répartis le long des côtes (sables humifères du Marquenterre, du Finistère, de Vendée, des Landes...) ainsi qu'en Vallée de la Loire, dans le Midi méditerranéen et en Normandie.
Quant à la production des fleurs coupées, elle occupe plus de 200 ha.

LA MULTIPLICATION

Elle s'effectue par séparation des caïeux au moment de l'arrachage (2 à 5 et plus par bulbe).
Remarque : possible également à partir de semis, mais pratiqué uniquement pour l'obtention de nouveaux cultivars (floraison en 5-6 ans).

LES DIFFÉRENTS TYPES DE CULTURE

On distingue **5 types de culture** ayant des buts bien déterminés :

à partir des caïeux : pour la production de bulbes (bulbiculture ou culture de grossissement);

à partir de bulbes du commerce : fleur coupée de plein air, forçage, production mixte du Midi et décoration des massifs.

I — Production de bulbes

La bulbiculture a pour but l'élevage des caïeux en vue de leur *grossissement.*
Elle nécessite des sols particuliers (sables humifères, alluvions sablonneux...), un climat assez humide (pluviométrie bien répartie), une nappe phréatique située près de la surface du

Plantation en billons; les bulbes se trouvent dans la remorque devant le tracteur et la plantation s'effectue à l'arrière. Les disques buttent les deux billons.

Floraison et contrôle variétal et sanitaire; à gauche les fleurs ont été supprimées par fauchage mécanique.

Ces 3 photos ont été réalisées en Anjou

Récolte mécanique des bulbes avec machine spéciale.

sol (40 à 60 cm) et un matériel bien adapté (planteuses, arracheuses...).
A partir des caïeux le plan général de culture est le suivant :

Première année

Plantation des caïeux en planches (Hollande) à 30 cm entre les quatre lignes et 1 à 2 cm sur les lignes, ou en billons (Vallée de la Loire par exemple) avec 2 lignes jumelées (1 à 2 cm en quinconce); densité moyenne : 700 000 à 900 000 caïeux/ha en Anjou et 1 million à 1,5 millions/ha aux Pays-Bas.

Epoque : automne.

Récolte, en juin-juillet, de petits bulbes de calibre 6-8, 8-10...

Deuxième année

Plantation de ces bulbes en les distançant de 3 à 5 cm ; densité moyenne : 400 000 à 600 000 bulbes/ha en Anjou et 700 000 à 900 000 bulbes/ha aux Pays-Bas.

Récolte de bulbes de calibre 11-12 et plus.

Opérations culturales

Elimination des fleurs après contrôle variétal et sanitaire (maladies à virus) par « cassage » du pédoncule floral, manuel ou mécanique (« fauchage » avec matériel adapté). But : favoriser le grossissement des bulbes par migration des réserves des feuilles.

Soins culturaux

Arrosages réguliers et désherbage, celui-ci s'effectuant généralement à l'aide d'herbicides (par exemple : Linuron à 1,5 kg/ha, C.I.P.C. ou chlorprophame à 2 kg/ha, Trifluraline à 1,5 kg/ha, Trifluraline + Linuron à 5 l/ha).
En Hollande et dans le nord de la France, les cultures de bulbes sont recouvertes de paille pour protéger les jeunes feuilles de l'effet mécanique du sable projeté par le vent.

*2 — **Fleurs coupées de plein air***

Il s'agit d'une production aux dates *normales* de floraison, ou bien *hâtée* par l'installation, en décembre, de coffres (double hauteur) et de châssis, de « serres à 4 » dans le Midi, de serres roulantes (serres froides) et, le plus souvent, de tunnels de plastique.
— Plantation en octobre-novembre en planches (20 × 5 cm) ou en lignes jumelées (5 × 5 cm).
— Profondeur : recouvrir le sommet du bulbe de 4-5 cm de terre.
— Calibres recommandés : 11-12.
En culture *hâtée* on gagne 20 à 30 jours sur la floraison normale.

*3 — **Forçage***

Le forçage se pratique :
— pour la fleur coupée, à partir de bulbes *« préparés »* ;
— pour les potées fleuries, à partir de bulbes ordinaires mais en utilisant des Tulipes *Hâtives* (simples ou doubles).

Versailles 'Rosine' (à droite).
Mirun 'Velmirage' (à gauche).

C. Veledira
'Cassiopée'.

C. Cooksbridge
'Pinkie'.

C. Barcelona
'Magic Wand'.

mbidium
ichés Michel Vacherot,
520 Roquebrune-sur-Argens.)

Phalaenopsis 'Spitzberg' (à droite).
Phalaenopsis 'Chamade' (en haut, à gauche).

P. 'Hokuspokus'.

P. 'Barbara Moler'.

P. Callicorne
'Raphaëlle'.

Phalaenopsis.
(Clichés Michel Vacherot,
83520 Roquebrune-sur-Argens.)

1. Mise en végétation
des tubercules en serre.
Premier plan :
une série de boutures
a été prélevée;
deuxième plan :
la coupe des boutures
va être effectuée.

production des tubercules
Dahlias (1 et 2).

2. Culture
pour la production de tubercules :
on vient de commencer
le fauchage partiel du feuillage.

La production de bulbes
de Tulipes.
Ici, le cultivar 'Apeldoorn';
culture en billons,
dans la région angevine.
(Ets E. Turc S.A., Angers.)

Glaïeuls à grandes fleurs.
Essais de comportement
sous grand tunnel de polyéthylène.
(H. Vidalie, M. Laffaire, E.N.I.T.H.)

'Friendship'.

'Saga' (= 'I.N.R.A. 67-23-3').

'Flower Song'.

'Peter Pears'.

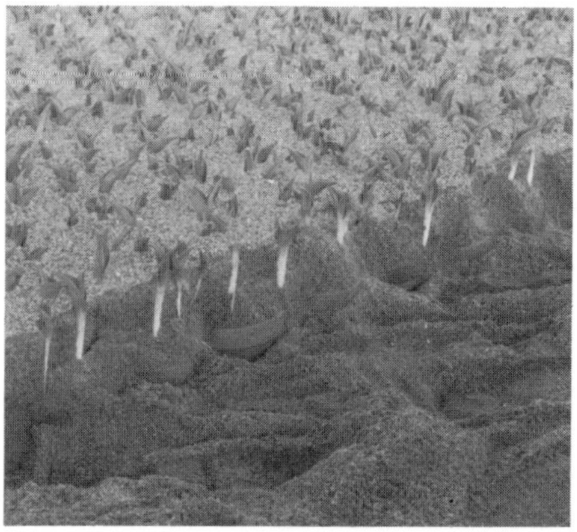

Phase préparatoire, en silo de sable; les pots vont être rentrés en serre.

Début de forçage : les Tulipes sont placées à l'obscurité.

Forçage de bulbes préparés à 9° C.

Le forçage se poursuit en pleine lumière (ici la culture est faite en caissettes).

Fleur coupée

Les bulbes « préparés » ont subi un traitement thermique chez le bulbiculteur spécialiste et, en particulier, un traitement au froid à températures « basses » de 9 °C ou 5 °C. Selon que l'on utilise des bulbes « préparés » à 9 °C ou à 5 °C, on distingue deux techniques de forçage bien différentes. (Voir tableau - résumé, p. 152.)

— **Bulbes « préparés » à 9 °C (ou « bulbes 9° »)**

Cette technique de forçage est la plus ancienne ; elle comporte une phase préliminaire puis le forçage proprement dit.

Phase préliminaire

La plantation des bulbes préparés s'effectue en pots, en caissettes ou en bacs de manutention qui peuvent être aisément

superposés. Cette opération peut débuter à partir de mi-septembre ; on dispose les bulbes côte-à-côte et superficiellement, dans un substrat draînant (terre franche, sable ou tourbe et sable...), non fertilisé en général, en les recouvrant d'un centimètre. Les contenants sont placés en silos de sable en plein air, ou bien en caves ou carrières, ou encore en locaux climatisés (chambres d'enracinement) à une température proche de 9 °C (entre 5 °C et 12 °C).
Le but de cette phase préliminaire est de provoquer l'élongation du bourgeon floral et l'enracinement des bulbes : c'est la suite « logique » du traitement thermique à 9 °C.
Lorsque les contenants sont placés en silos, on les dispose en tranchées sur un lit de sable qui assure un bon draînage, puis on les recouvre de cinq à six centimètres de sable ou de tourbe puis de terre ou de sable (vingt centimètres) et, parfois, de feuilles mortes, de paille ou de tôles afin d'isoler les bulbes des dernières chaleurs automnales.
La rentrée en serres de ces contenants s'effectue lorsque les bourgeons mesurent cinq à six centimètres, c'est-à-dire généralement deux mois après.

Au Pays-Bas la phase préliminaire au forçage s'effectue souvent en chambre d'enracinement (Station de Lisse).

Forçage en serres
Pendant une dizaine de jours le forçage s'effectue à l'obscurité; les contenants sont recouverts de bâches de polyéthylène noir ou placés sous les tablettes de serres (dans les petits établissements horticoles et les services d'espaces verts des villes).
A la température de 18 °C et avec une humidité contrôlée (arrosages et bassinages réguliers), cette mise à l'obscurité favorise l'allongement des feuilles et des pédoncules floraux. Puis le forçage se poursuit en pleine lumière; en décembre il dure trois à quatre semaines selon les groupes et les cultivars de Tulipes.
En résumé, cette production de fleurs coupées demande approximativement trois mois si l'on veut la programmer pour les fêtes de fin d'année (phase préliminaire : début Octobre à fin Novembre, et forçage en Décembre). A cette époque un éclairage artificiel peut être envisagé pour stimuler la croissance; on a montré qu'un éclairement de 1 000 lux, (à raison de sept heures par nuit), peut permettre de gagner une semaine; cependant, pour des raisons économiques, il n'est pas ou peu pratiqué.
Les groupes (anciennement « races ») de Tulipes les plus fréquemment employés par les horticulteurs sont les Triomphe, les Hybrides de Darwin et les Simples tardives (Darwin).

— « **Bulbes 5 °C** »
Dès réception des bulbes — ce qui est très important — la plantation s'effectue directement en serres (ou sous tunnels) de forçage. La densité est élevée : 250 à 350 bulbes par mètre carré; on les enterre peu profondément sur un lit de terre très fine et on les recouvre d'un à deux centimètres de terre ou de tourbe.
Les températures doivent être régulièrement contrôlées, en particulier après la plantation (12 à 14 °C pendant trois semaines) afin d'éviter le développement de champignons parasites ***(Pythium ultimum)*** mais aussi pour favoriser la croissance rapide des racines. Puis la température de la serre est réglée à 18 °C pour l'air et 16 °C pour le sol.
Ce forçage s'effectue en pleine lumière et les arrosages sont pratiqués très régulièrement de façon à maintenir le sol toujours humide.
Plantés fin octobre, les bulbes fleurissent en deux mois, c'est-à-dire pour les fêtes de fin d'année.
Les groupes de Tulipes à employer pour ce type de forçage sont les Triomphe et les hybrides de Darwin.
« En associant la préparation 5 °C + une semaine à 27 °C à un forçage à température plus basse (8/9 °C), il semble possible de réduire le coût du forçage tout en maintenant sa durée dans des limites raisonnables » (Le Nard, 1982). Voila une préparation qui doit intéresser les horticulteurs.

Récolte des fleurs : elle s'effectue au stade « bouton à peine coloré », lorsque la couleur des tépales est juste visible. En général, on arrache l'ensemble de la plante avec son bulbe et ses racines et on sectionne le pédoncule floral à la main ou à la machine, le plus près possible du plateau pour avoir une bonne longueur de fleur. Celles-ci sont entreposées dans des bacs remplis d'eau en chambres frigorifiques à + 4/+ 5 °C.

Techniques de forçage pour Noël ('APPELDOORN')

	SEPT.	OCT.	NOV.	DÉC.
		Phase préliminaire		Forçage
Utilisation de bulbes « 9° »	Plantation en caisses ou en caissettes	Plaçage en silos ou en caves ou en chambres (début oct.) — 9 °C	9 °C — Rentrée en serres (début déc.)	« Noir » 18 °C — Pleine lumière 18 à 20 °C
			Forçage	
Utilisation de bulbes « 5° »		Plantation directement en serres (début nov.)	12 à 14 °C	—air : 18 °C —sol : 15/16 °C

Potées fleuries

On utilise généralement des Tulipes hâtives (de petite taille) et on place 3 bulbes par pots de 12 (ou davantage dans une coupe).
La technique est la même que pour les bulbes « préparés » à 9 °C.

4 — Production mixte du midi

Le principe de cette culture pratiquée dans le Midi méditerranéen est le suivant :

1re année : culture, en pleine terre, de bulbes d'origine hollandaise; récolte de la fleur (= **Tulipe coupée**); le bulbe est laissé en place pour son grossissement.

2e année : culture en serres du plus gros des bulbes obtenus, après traitement thermique (à 5 °C); récolte de la fleur

Dans cette serre on force des tulipes « 5° » (à gauche) et « 9° » (à droite, en caisses); photo prise début mars.

Association réussie de tulipes botaniques et de pensées (photo C.I.B. Hollande).

(= **Tulipe tirée**); le plus petit bulbe est vendu à un bulbiculteur pour grossissement.

3e année : culture en serres de ce bulbe, après traitement thermique; récolte de la fleur (**Tulipe tirée**).

5 — Décoration des massifs

Plantation en automne, seules (par coloris identiques de préférence) ou associées à des plantes bisannuelles.

Remarques :
— bien qu'éclatante, la floraison des Tulipes est d'assez courte durée (prévoir l'échelonnement des cultivars);
— de plus en plus on les plante directement sur pelouses (« au hasard », en taches irrégulières).

EXIGENCES PARTICULIÈRES

Sols et fertilisation

La Tulipe est peu exigeante au point de vue sol (voir production de bulbes); il doit être de préférence léger et perméable; une humidité excessive peut provoquer la *pourriture* des bulbes. pH : 6,5 à 7,5.

Fertilisation

Comme toute plante bulbeuse, la Tulipe est surtout exigeante en K_2O, (accumulation des réserves, rigidité des tiges, coloration des fleurs...) et en P_2O_5 (facteur de croissance, évite les inconvénients d'un excès de N); en culture de bulbes on applique fréquemment les équilibres suivants : 1-2-2 ou 1-2-3.

Fumure de fond (à l'are); exemple :

Sulfate d'ammoniaque : 2 kg
Superphosphate : 5 kg
Sulfate de potasse : 2 kg
} apportés au labour, avant la plantation.

Eviter tout apport de fumier frais (risques de contaminations par divers champignons, par exemple *Fusarium*).

Dans le cas de la production de fleurs coupées, l'excès d'azote provoque un développement exagéré des feuilles au détriment des fleurs.

Fumure d'entretien

Elevage des bulbes : engrais de type 10-14-16 (2 ‰ ou 1 kg/are) à partir de la première feuille ; après « cassage » des fleurs : nitrate de potasse (2 ‰ ou 1 kg/are) ;

Forçage : peu ou pas de fertilisation (éventuellement : 3 kg/are de 10-20-20 à la plantation puis 1 mois après, dans le cas des cultures à partir de bulbes « 5 °C «).

Remarque : la carence en calcium provoque un accident physiologique : le « huilage » ; la fleur se casse.

Climat

Parfaitement rustique. Exposition ensoleillée.

CONSERVATION DES BULBES

Dans le cas des cultures de bulbes, l'arrachage s'effectue lorsque l'assimilation par les feuilles est arrêtée (feuillage jaune).

Séchage : il peut se faire sur les terrains de culture mais le plus souvent il est réalisé en chambres climatisées (où s'effectueront par la suite les traitements thermiques) ; durée : une semaine à 20-25 °C.

Triage manuel, nettoyage et calibrage (calibreuses spéciales à alvéoles ou à grilles).

Entreposage en local sec et bien ventilé à température ambiante en général ; dans le cas des cultures de bulbes la conservation à 20 °C donne une meilleure production de gros bulbes pour une plantation assez tardive (début novembre).

Les traitements thermiques destinés à la « préparation » des bulbes sont effectués immédiatement après le calibrage.

ENNEMIS

Ravageurs

Pucerons *(Myzus persicae; Aphis fabae...)* : présents sur les bulbes pendant la conservation et sur les plantes en cours de végétation. Transmission des *maladies à Virus* (panachure). Dégâts classiques. Lutte : fumigations ou poudrages avec Lindane, Naled, Parathion.

Anguillules des tiges et des bulbes (voir Jacinthe).

Rongeurs : ils peuvent provoquer de graves dégâts, surtout en hiver.

Maladies

« Feu » de la Tulipe *(Botrytis tulipae)* : maladie la *plus fréquente* et la *plus grave ;* attaque tous les organes de la plante. Lutte : rotations longues (3 ans sans Tulipes) ; triage des bulbes, élimination des malades ; traitements des bulbes par poudrages (Thirame, Quintozène) ; pulvérisations préventives de Thirame ou de Dichlofluanide.

Fusariose *(Fusarium oxysporum* f. sp. *tulipae)* : maladie assez fréquente et *grave.* Symptômes sur bulbes (voir Glaïeuls) : pourriture molle et odeur aigre. Pendant la conservation peut évoluer et provoquer une pourriture *sèche*. Lutte : rotations, triage et séchage des bulbes ; traitements avac Thiabendazole, Bénomyl...

Viroses (Virus de la panachure et Virus de la nécrose) : sur fleurs et sur feuilles, panachures et nécroses. Réduction de la taille des plantes, rendements en bulbes diminués. Lutte : plantation de bulbes sains, isolement des cultures (200 m), lutte contre les Pucerons ; éliminer et brûler les plantes virosées ; désinfection du sol pour éliminer le Champignon vecteur du Virus de la nécrose *(Olpidium brassicae)*.

COMMERCIALISATION ET UTILISATION

La commercialisation s'effectue *en application des normes C.E.E.*

Utilisations : potées fleuries, fleurs coupées (supportent mal les températures trop élevées) ; décoration des massifs, pelouses, bacs, rocailles, etc.

AUTRES PLANTES BULBEUSES A FLORAISON PRINTANIÈRE

Parmi les très nombreuses autres plantes bulbeuses à floraison printanière, nous retiendrons, pour leur intérêt commercial : Jacinthe, Narcisse, Iris, Freesia, Anémone et Renoncule, en insistant sur leurs *particularités culturales.*

Jacinthe

Hyacinthus — Liliacées

Bulbe tuniqué, plus volumineux, à renouvellement *pluriannuel :* formation de nouvelles écailles à partir du centre, repoussant les plus anciennes à la périphérie ; donne peu de caïeux.

Groupes principaux (dérivant de *H. orientalis*) :

Jacinthe de Hollande : rustique, une ou deux inflorescences (grappe) par bulbe ; parfumée, tous coloris.
Floraison : mi-mars (sous climat moyen).
Exemples : 'L'Innocence', 'Carnegie' (blanc) ; 'Pink Pearl', 'Anne Marie' (rose) ; 'Jan Bos' (rouge) ; 'Delft Blue', 'Ostara' (bleu) ; 'City of Haarlem' (jaune)...

Jacinthe romaine : produites sur les Riviera française et italienne ; donnent plusieurs inflorescences (2 à 3), légères ; floraison très hâtive.
Exemple : 'Albulus' (blanche).

Production de bulbes : essentiellement aux Pays-Bas (850 ha) ; en France : 10 ha.

MULTIPLICATION

Le bulbe donnant peu de caïeux, on en accroît le nombre en pratiquant, après la récolte, des *incisions* au niveau du plateau ou l'*évidage partiel* du bulbe à partir du plateau (« creusage ») ; les bulbes sont conservés en chambres climatisées (t = 20 °C ; H.R. = 80 %) jusqu'en octobre. Le développement des caïeux débute 5 à 6 semaines après les incisions. Plantation des bulbes avec leurs caïeux (12 à 15 par bulbe), en novembre dans du sable ; récolte en juillet et culture des caïeux *pendant 3 ans pour leur grossissement.*
Semis possible pour l'obtention des nouveaux cv.

Jacinthe 'Anne-Marie' de couleur rose (photo C.I.B. Hollande).

CULTURES

Production de bulbes

Identique à la Tulipe mais sur 3 ou 4 ans. Successivement on récolte la 1re année de culture des 3-4, puis ensuite des 7-9, puis des 12-14 et enfin des 15 et plus.

Forçage

(pour potées fleuries uniquement).
Identique à celui de la Tulipe « potées fleuries » mais avec : un bulbe par pot de 8 ou 10 et 3 bulbes ou davantage dans une coupe (utiliser les calibres 17/18, 18/19 et 19 +).

Températures : 25 °C à l'obscurité, pendant une semaine jusqu'à ce que la grappe soit visible (10 cm environ), puis 18 °C à la lumière. Durée : trois semaines.
Les bulbes « préparés » permettent un forçage très précoce (traitement « froid » à 13 °C). Si la phase préliminaire au forçage (mise en silos ou en chambres d'enracinement) débute en septembre, le forçage a lieu à partir de fin octobre et la floraison se produit début décembre.
Des contenants spéciaux en plastique sont utilisés aux Pays-Bas et permettent d'effectuer la phase préliminaire du forçage en chambres climatisées à + 9 °C : gain de main-d'œuvre et de temps, contrôle aisé du développement, propreté. Certains établissements français emploient des plaques de polystyrène alvéolés qui sont superposées.

Décoration des massifs

Plantation en automne par groupe de coloris identiques (profondeur 10 cm) pour la décoration des massifs, plates-bandes et pelouses (voir Tulipe); ne s'utilise pratiquement pas en association avec les plantes bisannuelles.

EXIGENCES CONSERVATION

Semblables à celles de la Tulipe.

ENNEMIS

Ravageurs

On rencontre dans ce groupe un parasite *très fréquent* et qui peut provoquer des dégâts importants :

L'Anguillule des tiges et des bulbes *(Ditylenchus dipsaci)* : c'est la « Maladie vermiculaire » ou « Maladie circulaire ». Peut attaquer également Tulipe, Narcisse... (appelée aussi « M. annulaire »). Lutte : rotations (3 ans); destruction des malades (brûler); trempage des bulbes dans l'eau chaude : 3 h 30 mn, à 43,5 °C, 15 à 20 jours après la récolte.
Ne pas désinfecter au bromure de méthyle, phytotoxique pour les Liliacées.

Maladies

Pourriture des bulbes *(Sclerotinia bulborum)* : « Maladie de la morve ». Jaunissement des feuilles et pourriture du bulbe. Lutte : traitements des bulbes et du sol (rare), pulvérisations et poudrages : Thirame, Quintozène...

Bactériose ou « Maladie jaune » ou « Jaune » *(Xanthomonas jacinthi)* : pourriture du bulbe. Lutte : destruction des malades, planter des bulbes sains, désinfecter les outils.

COMMERCIALISATION ET UTILISATION

Calibre minimal : 14 pour les J. de Hollande. Utilisées comme potées fleuries (vente dès novembre); décoration des massifs (utilisation limitée).

Narcisse

Narcissus — Amaryllidacées

Bulbe tuniqué à renouvellement pluriannuel, donnant quelques gros caïeux (ou « nez »), en général aptes à fleurir en une année de développement.
Coloris : jaune, blanc, orangé...
Fleur particulière : l'ovaire infère est surmonté du *périanthe* portant en son centre la *couronne ou « coupe »* plus ou moins développée.

CLASSIFICATION

(selon le nombre de fleurs par hampe florale).

Narcisses uniflores

N. pseudonarcissus ou Narcisse trompette. Couronne plus longue que le périanthe. Ex : 'Golden Harwest' (jaune vif), très cultivé pour la fleur coupée.

N × incomparabilis (= N. poeticus × N. pseudonarcissus) ou Narcisse à grande couronne ou incomparable. Couronne évasée plus petite que le périanthe. Ex : 'Carlton' (jaune clair, coupe jaune pur), 'Fortune' (jaune foncé, coupe orange), très cultivé dans le Midi.

Narcisse 'Golden Harwest' : deux stades d'épanouissement de la fleur; le stade de récolte est celui du bouton coloré (au 1er plan) (photo C.I.B., Hollande).

N. poeticus (Narcisse à petite couronne ou Narcisse des poètes). Couronne très courte. Ex : 'Actea' (blanc, coupe orangée).

Ces 3 espèces sont rustiques.

Narcisses pluriflores

N. tazetta (Narcisse à bouquets). Couronne courte, fleurs petites, **non rustique.** Ex : 'Totus Albus' ou 'Paperwhite' (blanc) et, dans le Midi, pour la fleur coupée : 'Martin', 'Grandiflora'...

N. X medio-luteus (= N. X poetaz : N. poeticus x N. tazetta); **rustique.** Ex. : 'Géranium' (blanc, coupe orange).

Pour chaque groupe existent, en outre, des formes à fleurs doubles. Exemple : 'Texas' (jaune et orange).

Importance économique

Pays-Bas (1 500 ha), îles anglo-normandes, Grande-Bretagne, France : 30 ha (Anjou, Bretagne-nord, Midi...).

MULTIPLICATION

Par séparation des *caïeux* (1 à 5 par bulbes).

CULTURES

Production de bulbes

Identique à la Tulipe, mais sur un ou deux ans selon la grosseur des caïeux.

Forçage (fleurs coupées et potées fleuries).

Potées fleuries : identique à la Tulipe mais on place 3 à 4 bulbes (calibre 13 à 16) par pot de 12 ou davantage dans une coupe, comme c'est le cas pour 'Totus albus' cultivé fréquemment sur *cailloux*.

La culture pour la fleur coupée s'effectue fréquemment sous abris de plastique (grands tunnels en P.E. ou petits tunnels en P.V.C.). La préparation des bulbes (34 °C pendant 1 semaine après récolte puis 17 à 20 °C jusqu'en août et 9 °C pendant 8 semaines) permet d'avancer la floraison en décembre-janvier, sous climat moyen (Anjou, Sud-ouest, Bretagne...).
Température de forçage : 15/16 °C.

Production de fleurs coupées dans le Midi

Il est possible de produire des fleurs coupées en plein air (Carqueirane, par exemple) avec des bulbes préparés (plantation octobre, floraison novembre à février) ou ordinaires (plantation septembre, floraison février-mars).

Décoration des massifs

Associés aux plantes bisannuelles à floraison précoce (*Viola X hiemalis* par exemple); sur pelouses : plantation en disposition « au hasard ».

EXIGENCES ET CONSERVATION DES BULBES

Voir la Tulipe, mais les Narcisses supportent la mi-ombre et les sols argileux, compacts.

ENNEMIS

Anguillules (voir Jacinthe).

« Feu » du Narcisse (voir Tulipe) provoqué par *Botrytis narcissicola*.

Pourriture des bulbes (voir Jacinthe).

COMMERCIALISATION ET UTILISATION

Calibre minimal 13 cm (sauf exceptions).
Excellentes fleurs coupées, de très bonne tenue en vases.
Décoration pluriannuelle des pelouses : floraison se produisant *en général avant* les premières tontes.

Iris

Iris bulbeux — Iridacées

Bulbe tuniqué à renouvellement *annuel* et donnant des caïeux.
On distingue trois types :
— Iris de Hollande } dérivant de *I. xiphium*,
— Iris d'Espagne }
— Iris d'Angleterre (dérivant de *I. xiphioides*, l'Iris bleu des Pyrénées).

L'Iris de Hollande (*I. x hollandica*) est *le plus cultivé* : fleur élégante (40-50 cm); floraison en mai (climat moyen). Coloris : bleu, jaune, blanc.
Exemples : 'Wedgwood' (bleu clair), et *surtout son sport* 'W. Ideal' ou 'Ideal' (bleu vif), 'White W.' (blanc), 'Prof. Blaauw' (bleu foncé)...
Rustique en général mais *sensible* aux grands froids.

Iris de Hollande; le stade de récolte est celui des boutons colorés (au 2e plan) (photo C.I.B., Hollande).

Production : Pays-Bas (900 ha), Angleterre, France (120 ha : Bretagne nord, Anjou...).

MULTIPLICATION

Par séparation des caïeux (2 à 3 par bulbe).

CULTURES

Production de bulbes

Identique à la Tulipe, mais on plante les caïeux assez profondément (8-10 cm) et on les recouvre de paille pour les protéger du froid (en particulier le cultivar 'Ideal'); le désherbage chimique s'effectue avec linuron.

Fleur coupée de plein air

Identique à la Tulipe. Protéger du froid : couverture de feuilles, de paille ou bien plantation sous châssis ou tunnels de plastique.

Forçage (pour la fleur coupée)

On utilise des bulbes « préparés » (30 °C pendant 4 semaines après récolte puis 13 °C pendant 7 à 9 semaines pour 'Ideal'); les traitements thermiques varient avec les cultivars, les pays de production (Hollande, France...); depuis quelques années, le traitement à 30 °C peut être remplacé par un trempage dans l'étéphon.

Exemple : forçage d''Ideal'

Plantation en serres très claires, d'*octobre à décembre* et

même toute l'année (calibre 9 et +), en pleine terre ou en caissettes (bulbes juste recouverts); densités : 128 à plus de 300 bulbes/m² (la plus faible densité pour 'Prof Blaauw').
Températures : 13 °C pendant les deux premières semaines, puis 15 °C de jour et de nuit.
Durée : 2 mois ('Ideal') et 3 mois ('Prof. Blaauw'); l'irradiation est possible (voir le Lis) mais elle est très coûteuse.

Culture retardée

Un traitement thermique spécial permet *d'éviter* la différenciation florale (30 °C) et de conserver les bulbes pour une *culture différée.*
Exemple : plantation de « bulbes retardés » le 15 août sous grands tunnels de plastique; température : 10-12 °C; ombrage et arrosages jusqu'à l'enracinement des bulbes puis les abris sont déblanchis quand le feuillage atteint 12 à 15 cm : la floraison exige beaucoup de lumière.
Récolte à la mi-novembre.

Décoration des massifs

Peu utilisés en raison de leur rusticité moyenne.

EXIGENCES
CONSERVATION

Voir Tulipe.

ENNEMIS

Outre les **maladies à Virus,** les Iris bulbeux peuvent être attaqués par un ***Penicillium*** (moisissure) et une **Bactérie** *(Pectobacterium carotovorum)* à laquelle 'Prof. Blaauw' est très sensible. Par ailleurs on redoute toujours ***Botrytis cinerea***.

COMMERCIALISATION
ET UTILISATION

Calibre minimal : 6 cm (8 cm pour 'Wedgwood' et 'Prof. Blaauw').
Excellente fleur coupée, de très bonne tenue en vase. Récolter lorsque le bouton floral vient juste de s'ouvrir.

Freesia

Iridacées

Petit cormus à renouvellement annuel (cf. Glaïeul) donnant de nombreux caïeux.

Inflorescence de Freesia : bonne disposition des fleurs sur l'axe de l'inflorescence.

Inflorescence en *épi recourbé* à angle droit, ne portant des fleurs que sur le dessus de l'axe d'inflorescence.
Des espèces types *(P. refracta, F. armstrongii)* sont issus les Freesia modernes : F. hybrides et Super-Freesia ; exemples : 'Ballerina' (blanc); 'Aurora' (jaune), 'Blue Heaven' (bleu), 'Carmen', 'Czardas' (rouge).
Les fleurs sont simples ou doubles.

Coloris « chauds », parfum agréable, excellente tenue en vase en font une fleur coupée très attrayante.
Non rustique sous climat moyen.

Physiologie

Le Freesia est héliophile : si la lumière est insuffisante en hiver, les boutons floraux ne s'épanouissent pas tous.
L'induction florale est déclenchée par les hautes températures (comme la Tulipe) mais l'initiation florale (formation de la fleur) ne se produit qu'après la plantation des cormes (comme le Glaïeul).

Importance économique : pour la production de fleurs coupées les Pays-Bas détiennent un monopole de production : 400 ha (France : 15 ha).

MULTIPLICATION
(pour la production de fleurs)

Par semis

50 à 70 graines au gramme pour les cv. tétraploïdes et 80 à 100 graines pour les diploïdes.
Il est réalisé *d'avril à juin* et peut s'effectuer soit sur couche, en caissettes ou en pleine terre (il nécessite un *repiquage* en serres en septembre), soit *en place*, en serre de culture.
Température du sol : 20-22 °C au semis, puis 15 °C (pour l'initiation florale); température de l'air : 15 à 20 °C.

Par séparation des caïeux (voir Tulipe)

CULTURE
POUR LA FLEUR COUPÉE

A partir du semis

Les plants obtenus par semis sont mis en place en septembre ; puis la culture est identique à celle ci-dessous.

A partir de bulbes (calibres 6-8 et plus)

Plantation *échelonnée* de septembre à février pour obtenir des floraisons de janvier à mai (120 à 150 jours de culture ramenés à 100-120 jours avec des cormus préparés et des cultivars adaptés (voir les exemples en début de chapitre).
Traitement thermique : 3 mois à 30 °C avec H.R. : 80 %.
Densité : 80-100 bulbes au mètre carré (à 10 × 10 cm par exemple) et à 1 cm de profondeur en hiver et 5 cm en été.
Température : la plus basse possible en été ; en hiver : 10 à 15 °C pendant deux semaines après plantation puis 12-14 °C et plus.

EXIGENCES
ET SOINS CULTURAUX

Sols et fumures

Sols perméables amendés en tourbe et sable.
Equilibre de fertilisation : 1-1-2 ou 1-1-3.
Exemple :
Fumure de fond : 40 g/m^2 de 6-15-30.

Culture de Freesia en serres, à Paramé, dans un établissement de sélection.

Fumure d'entretien : engrais granulés ou solubles (nitrate de potasse...) : 25 g/m^2 de nitrate de potasse : 2 apports et 30 g/m^2 de 6-15-30 : 3 ou 4 apports.
Veiller aux excès de salinité : le Freesia est très sensible.

Arrosages

Effectués selon les besoins : toutes les trois semaines en hiver et une fois par semaine en été ; par ex. : 10 l d'eau/m^2/apport.

Tuteurage

Indispensable ; réalisé à l'aide de grillages métalliques (trois « hauteurs »).

Rendements : 3 à 4 épis par cormus ; récolte au stade « 1 ou 2 boutons colorés ».

ENNEMIS

Botrytis cinera : taches sur fleurs. Lutte : Thirame, Vinchlozoline, Iprodione...
Fusarium oxysporum : pourriture du bulbe, jaunissement de la plante. Lutte : désinfection des sols.
Viroses : décoloration des fleurs. Choisir des cormus sains ; lutter contre les Pucerons.

COMMERCIALISATION ET UTILISATION

Pas de calibre minimal.
Excellente fleur coupée de grand avenir.

Anémone et Renoncule

Anemone; Ranunculus — Renonculacées

Nous nous trouvons en présence de deux plantes appartenant à la même famille et cultivées de façon à peu près comparable.

Anémone des fleuristes (*Anemone coronaria*)	Renoncule des fleuristes (*Ranunculus asiaticus*)
A fleurs simples : 'A. de Caen', 'Superanémone', et, depuis quelques années : 'Tétranémones' (tétraploïdes de l'I.N.R.A. de Fréjus, fleurs et pédoncules plus gros) et 'Mona Lisa' (hybrides F1, origine américaine, long pédoncule).	**A fleurs doubles :** 'R. d'Anjou', 'de Perse' (types 'Barbaroux' et 'Tekolote') et, depuis quelques années : 'Friandines' (hybrides F1 de l'I.N.R.A. de Fréjus, à fleurs toujours doubles, à tiges rigides).
A fleurs doubles : 'Sainte Brigitte'.	
Tubercules : « pattes ».	**Racines tubérisées :** « griffes ».
Coloris : rouge vif, bleu, blanc.	**Coloris :** jaune, orange, rouge, blanc.

Importance économique : en France la culture pour la fleur coupée occupe près de 150 ha (100 ha dans le Var); production de bulbes : 20 ha.

MULTIPLICATION

Par semis

Il s'effectue en juillet (nord de la France) ou septembre (Midi, Anjou...).
On sème à la volée ou (en général) avec un semoir mécanique; densités : 2 à 3 g/m². Les graines sont recouvertes de terreau ou de sable et roulées. Protéger les jeunes plants en hiver (paillis, sapinette, ou mieux : tunnels de plastique).
Récolte en juillet de « pattes » de 1 an ou « clous » (la forme rappelle cet objet).
Culture de ces « clous » une 2e année et récolte de « pattes » de 2 ans de calibre 2-3, 3-4, 4-5, 5-7 cm et plus.

Par division

Elle peut être pratiquée pour les Renoncules après l'arrachage, en juillet.

CULTURE (pour la fleur coupée)

C'est une spécialité du **Midi méditerranéen** (et du Sud, Sud-Ouest en général).

Plantation en août (du 10 au 30, impérativement) avec des pattes ou des griffes « traitées » et en octobre-novembre (ailleurs), à 30-50 cm entre les lignes, 6-10 cm sur la ligne et à quelques centimètres de profondeur. Couverture de paille et arrosages répétés (dans le Midi) pour abaisser la température du sol.
Cette production est effectuée généralement en plein air dans la région méditerranéenne (Var et Alpes-Maritimes) mais la culture sous abris (tunnels ou serres) s'y pratique de plus en plus comme dans les autres régions.
En plein air, dans le Midi, on doit protéger la culture pendant l'hiver : paillis, châssis ou paillassons disposés sur des piquets.

Culture de Renoncules sur les terrasses de Carqueirane; on remarque la rampe d'arrosage et les « fumigènes » anti-gel.

Températures optimales : 3 à 5 °C de nuit et 15 à 18 °C de jour.

Traitement thermique : il débute généralement à la mi-juin; on réalise un trempage des « pattes » pendant 36 heures dans de l'eau froide courante ce qui provoque leur gonflement puis un autre trempage pendant 12 heures dans une solution fongicide (captane par ex.); les « pattes » sont ensuite traitées au froid à + 2 °C/+ 3 °C pendant 5 à 6 semaines : de nombreux bourgeons apparaissent. Ce traitement au froid s'effectue très souvent en sachets de plastique perforés permettant un pré-conditionnement pour la vente.

Floraison : d'octobre à avril; on récolte 8 à 12 fleurs par « patte » d'Anémone et 6 à 10 fleurs par « griffe » de Renoncule.

EXIGENCES ET SOINS CULTURAUX

Sols : tous sols de préférence meubles, frais, bien drainés et désinfectés; pH : 6,5 à 7,5.

Fertilisation (exemple) :

Fumure de fond : 10 kg/m² de fumier très décomposé ou mieux, 20 à 30 kg/are de 7-8-9;

Fumure d'entretien : épandage de 10-10-20 à raison de 15 kg/are tous les mois; avant la floraison : nitrate de potasse (10 kg/are).

Arrosages : très fréquents et copieux.

ENNEMIS

Charbon de l'Anémone *(Tuburcinia anemone)*. Tumeurs sur tiges, pétioles; lutte : voir Rouille.

Rouille de l'Anémone et de la Renoncule *(Puccinia pruni-spinosae)*. Pustules rougeâtres. Lutte : traitements préventifs avec Triforine, Oxycarboxine...

Botrytis : fréquent sous tunnels de plastique; lutte très suivie : Iprodione...

« **Frisure** » : crispation des feuilles et torsion des pédoncules. Etude en cours à l'I.N.R.A. Provoquée par un champignon : *Colletotricum acutatum*. Lutte : Désinfection des pattes (Carbendazime + Mancozèbe) et pulvérisations en culture.

COMMERCIALISATION ET UTILISATION

Normes : calibre minimal de 4 cm pour l'Anémone ; 5« pointes » pour la Renoncule. Fleurs coupées de bonne tenue et très précoces. Décoration des rocailles.

Muguet

Convallaria — Liliacées

Plante classée dans les plantes bulbeuses à floraison printanière mais dont l'organe végétatif souterrain est *un rhizome.*
Très cultivé pour la vente en pots ou en **fleurs coupées** à une date bien précise, **le 1er mai** ; la production pour Noël est très limitée.
On peut citer les 2 principaux cultivars (dérivant du M. des bois : *C. majalis*) :
— 'Géant Français', à longs pédoncules, le plus cultivé dans la région de Nantes (c'est le Muguet Fortin) ;
— 'Major' (= Muguet d'Allemagne, le plus utilisé pour le forçage).
Les rhizomes sont commercialisés sous le nom de griffes (bourgeon + fragment de rhizome + racines).

Importance économique : 7 ha de culture en France ; les maraîchers et horticulteurs nantais produisent 90 % des « brins » vendus pour le 1er mai.

MULTIPLICATION

Par séparation des griffes, en été.

CULTURES

Pour la production de griffes

Spécialité allemande (Hambourg).
Sol léger, acide.
Plantation de rhizomes en planches : 20 × 10 cm.
Durée : 2 à 3 ans, pour obtenir des plants aptes à fleurir.

Culture hâtée

Pratiquée pour obtenir une floraison fin avril (vente le 1er mai).
La plantation s'effectue en planches, à 10 × 15 cm.
Date : fin d'été.
Sol : terre de jardin + fumier ou terreau de feuilles + sable (sol léger).
En mars on installe des coffres autour des planches et on couvre de châssis ; on peut également employer les petits tunnels « nantais ».

Culture forcée

Il s'agit d'une culture assez particulière pour une floraison en décembre (fêtes de fin d'année). Les griffes sont conservées en jauge à l'extérieur ou bien en réfrigérateur (température comprise entre 0° et — 5°C). Cette réfrigération permet de forcer, en principe, à n'importe quelle époque de l'année.
La technique du forçage sera la suivante :
Dégeler lentement les griffes (4 à 5 jours).
Habiller légèrement les racines (10 cm).
Planter en caissettes, en pots ou sur tablettes de serres (*le plus souvent)* dans un substrat poreux et humidifié (tourbe, mousse...) ; placer les griffes verticalement, à 2-3 cm d'intervalle, le bourgeon dépassant légèrement.
Température : 25 °C pendant 15 jours ; 15 °C au moment de l'apparition des fleurs ;

Obscurcissement pendant les 10 premiers jours.
Dans ces conditions la durée du forçage est de 20 à 25 jours en décembre (10 à 15 jours en avril).

ENNEMIS

Botrytis cinerea, sur tiges, feuilles et fleurs. Lutte : il faut éviter l'excès d'humidité (aération) et traiter préventivement (Manèbe, Iprodione...).
Hépiale, dont les chenilles détruisent de nombreux plants.
Nématodes, assez fréquents. (Voir Jacinthe.)

COMMERCIALISATION
UTILISATION

Fleur coupée (« brin » de Muguet) ou potée fleurie; les « brins » se conservent « à sec » ou dans de l'eau à + 1/+ 3 °C; durée : 4 à 5 jours.
Décoration des rocailles, sous-bois en taches de couleur, et à l'ombre ou à mi-ombre.

2 — PLANTES BULBEUSES A FLORAISON ESTIVALE ET AUTOMNALE

Comme pour les plantes bulbeuses à floraison printanière, nous préciserons tout d'abord que sous l'appellation générale de « bulbes », nous trouvons :
— des bulbes vrais : Lis;
— des cormes (ou cormus) : Glaïeul;
— des tubercules vrais : Bégonia tubéreux;
— des racines tubéreuses (ou tubérisées) : Dahlia;
— des rhizomes (Canna).
Nous prendrons comme plante-type le Glaïeul, compte tenu de son *intérêt commercial* (bulbes et fleurs coupées) et de ses *particularités* morphologiques et physiologiques.

Glaïeul

Gladiolus — Iridacées

Rappels de morphologie

Le Glaïeul se caractérise par son inflorescence en *épi* (fleurs = « fleurons ») et son *bulbe dur* (cormus) à renouvellement *annuel,* donnant en cours de végétation une multitude de petits caïeux (= « kralen », « grenaille » ou « semence » pour les bulbiculteurs).

Physiologie

1. Contrairement à ce qui se passe pour la Tulipe, l'initiation florale se produit *après la plantation* des bulbes, 4 à 8 semaines selon la température, et non selon la lumière (elle se fait à l'obscurité).
2. La levée de dormance est un phénomène *complexe;* elle est réalisée généralement par le froid (les traitements chimiques avec monochlorhydrine du glycol, étéphon ou cytokinines sont du domaine de la recherche). En règle générale, la levée est plus rapide à *basse* température (inférieure à 10 °C).
3. La température minima biologique (zéro de végétation) est + 7/+ 8 °C.
4. Plante héliophile et de jours longs.

Préparation des bulbes pour la fleur coupée

Elle a pour but de permettre, après la plantation, une levée plus rapide et plus régulière et une meilleure croissance.
Les cormus sont conservés à température moyenne (10 à 15 °C) ou basse (1 mois à 5 °C) et 5 à 6 semaines avant la plantation ils sont placés dans les conditions suivantes : température supérieure à 20 °C et H.R. de l'ordre de 80 %. La floraison est alors avancée de 15 à 20 jours : il s'agit bien de *culture hâtée* (et non forcée *puisqu'on ne provoque pas l'initiation florale)* et qui ne s'applique qu'à *certains cultivars.*

Origine géographique : Afrique australe et bassin méditerranéen.

Importance économique : les cultures de bulbes sont très importantes en France (plus de 300 ha) : mêmes régions de production que la Tulipe ; Pays-Bas : 2 300 ha !
Les cultures pour la fleur coupée occupent plus de 400 ha en France.

Classification

1. *Gl. à floraison très hâtive*
Gl. X colvillei, nains et très précoces (cultivés dans le Midi) ; *Gl. X nanus* (idem) ; nouveaux hybrides de l'I.N.R.A. de Fréjus (moins exigeants en température).

2. *Gl. à grandes fleurs*

Hâtifs : 'Friendship', 'Hunting Song', 'Cordula', 'Saga', 'Artist', 'Novi Lux', 'Eurovision'...

Demi-hâtifs : 'Oscar', 'Peter Pears', 'Tantad', 'Memorial Day'...

Tardifs : 'Spic and Span', 'Flower Song'...
('Saga' et 'Tantad' sont des obtentions de l'I.N.R.A., Landerneau.)

Tous coloris (même le bleu).

MULTIPLICATION

Semis

Pour l'obtention de nouveaux cv., en pépinière sous châssis froid ou tunnels, en avril. Obtention de petits bulbes de 2/3.

Séparation des caïeux

Ils se sont formés pendant la végétation normale d'un bulbe (plusieurs dizaines par bulbe).

DIFFÉRENTS TYPES DE CULTURE

Peu utilisés dans l'ornementation des jardins (contrairement aux « Autres bulbes d'été ») les Glaïeuls sont cultivés pour la production de bulbes et la fleur coupée.

Production de bulbes

Cette culture peut être rapprochée de celle pratiquée pour la Tulipe, avec **deux différences essentielles** : la plantation a lieu au printemps et la culture se fait sur deux années.

Première année

Plantation des caïeux de calibre 1/2 (on dit « semis ») en planches, à 1 cm sur la ligne et 25 à 40 cm entre les lignes ou en rangs jumelés distants de 70-80 cm ; utilisation de

Cormus de Glaïeuls avant et après épluchage et nettoyage.

Calibrage automatique des cormus.

semoirs adaptés; densité moyenne: 1 500 000 à 3 000 000 de caïeux/ha.
Date : avril (mars dans le Midi).

Récolte mécanique, en automne, de petits cormus (2/4, 4/6, 6/8 et plus).

Deuxième année

Même type de culture mais les cormus (calibre 3/4 - 4/6) sont espacés de 5 à 10 cm sur la ligne et enterrés à 10 cm de profondeur; densité moyenne: 300 000 à 600 000/ha.

Récolte de bulbes de 8/10, 10/12, 12/14, 14/16 et plus pour la vente.

Sols : légers (sableux), frais et bien drainés; pH : 6,5 à 7.

Fertilisation : l'équilibre à respecter est du type 1-2-3 (cas des plantes bulbeuses en général).
En France, la fumure est fréquemment la suivante :

fumure de fond : 500 kg/ha de super-phosphate + 500 kg/ha de sulfate de potasse à la préparation du sol (labour d'automne);

fumure d'entretien : 200 kg/ha de sulfate d'ammoniaque (un mois après la plantation).

Opérations et soins culturaux

Elimination des épis après contrôle variétal et sanitaire (cf. Tulipe). Le désherbage peut être mécanique ou chimique : « Vapam », Bromure de méthyle, Chlorprophame (3 kg de MA/ha), Linuron (1 kg de M.A./ha)...

Culture pour la fleur coupée

On utilise des cormus de gros calibre : 12-14 ,14 et plus et des cv. adaptés.

Production de plein air

Plantations échelonnées de mars à juin au nord de la Loire et pratiquement toute l'année dans le Midi.
Distance : 10-15 cm sur 30 cm (entre les lignes); profondeur : 10 cm, pour assurer une meilleure *résistance aux vents.*

Chambres de séchage ou de traitements thermiques des Glaïeuls stockés en caisses ajourées. Les ventilations (au plafond) assurent un brassage efficace de l'air qui est régulièrement renouvelé.

La culture peut être *hâtée* en installant des tunnels de plastique sur les cultures ou *retardée* en utilisant des bulbes dits « frigo », c'est-à-dire conservés à + 4 °C jusqu'à la plantation. En Anjou, une plantation d'août fleurit en novembre si l'automne est particulièrement bien ensoleillé. Dans le Midi, on plante d'octobre à décembre pour une récolte à partir de janvier.

Production sous serres ou tunnels de plastique

On emploi des bulbes traités (voir Physiologie), de calibre 14 et plus, et on les plante de fin décembre (Midi) à janvier (ailleurs).
Comme pour le Freesia, on utilise les mailles d'un grillage métallique (tuteurage) pour repérer les distances de plantation (50 à 80 bulbes par mètre carré planté) soit 40 à 60/m^2 d'abri (20 à 30 dans le Midi).

Températures du sol : 10 à 12 °C à la plantation, puis 6 semaines après : 12 à 14 °C. La température peut s'élever jusqu'à 18 °C quand l'épi est visible.

Fertilisation

Les exportations sont les suivantes (mg/plante) :

N	P_2O_5	K_2O	MgO	CaO
406	121	858	115	483

d'où la fumure conseillée :
— à la plantation (ou un mois avant) : 8 kg/are de 10-10-20 ;
— en cours de végétation (apports fractionnés à la 2ᵉ feuille puis à la 4ᵉ et lorsque l'épi est formé) : 3 kg/are de 10-10-20.

Soins culturaux : le sol doit être maintenu constamment *frais ;* la cadence des arrosages pourra être :
toutes les semaines en février,
tous les 4-5 jours de mars à mai, en particulier à partir de la formation de l'inflorescence, c'est-à-dire à la 4ᵉ feuille. La floraison a lieu en 120 à 150 jours (début et fin).

Essai de comportement de cultivars précoces et de nouveautés I.N.R.A. sous tunnel après 2 mois de culture (plantation fin janvier). (Travaux d'expérimentation H. Vidalie, M. Laffaire, Liliane Brisset).

Production de Glaïeuls très hâtifs

Dans le sud de la France (en Israël, au Maroc, en Grèce...) on cultive les Glaïeuls à floraison très hâtive (*G. colvillei* et de même type) sous abris; plantation en automne, plus dense (100 bulbes/m²), avec une température voisine de 15 °C. La floraison a lieu en fin d'année.

CONSERVATION

Elle est particulièrement importante, surtout au moment du **séchage;** cette opération est fondamentale : elle permet de lutter contre les maladies (voir ennemis) qui provoquent des pertes importantes par pourriture.

Arrachages des bulbes après rabattage des tiges à quelques centimètres.

Séchage le plus rapidement possible après arrachage (par temps sec et assez chaud il peut s'effectuer en plein air). **Température :** 25 °C à 28 °C pendant une dizaine de jours. Le « vieux » bulbe se détache alors du nouveau.

Nettoyage, triage, calibrage (calibreuses de bulbes semblables a celles employées pour Tulipes, Iris...).

Entreposage en local sec, sain, à 5-10 °C pour les petits caïeux, et à 15-20 °C, à partir de décembre, pour les cormus. Pour une conservation longue, les bulbes sont placés en février-mars à 4 °C (H.R. = 70 %).

ENNEMIS

Ravageurs

Thrips *(Taeniothrips simplex) :* insecte suceur-piqueur. Pique feuillage et fleurs dont il provoque la décoloration. Lutte : traitement des cormus 5 semaines avant la plantation (Lindane); traitement en cours de végétation : pulvérisation de Lindane ou Diméthoate... Cesser au début de la floraison. Traiter plus souvent par temps chaud. En cours de conservation : Lindane, Naphtaline, Pyrimiphos...

Maladies (très nombreuses et très graves)

Fusariose *(Fusarium oxysporum f. sp. gladioli) :* très fréquente et grave. Sur feuilles : jaunissement; sur fleurs : réduction du nombre de fleurons; sur bulbe : pourriture sèche du plateau ou du cœur ou momification (en fin de stockage).
Lutte : assolement de 5 ans et plus; séchage rapide des bulbes; triage et décortiquage pour la fleur coupée; traitement curatif : trempage 30 minutes dans l'eau chaude à 55 °C; traitement préventif : trempage dans une solution de T.M.T.D., Phaltane, Bénomyl; poudrage au T.M.T.D. ou Phaltane. (La désinfection du sol est peu efficace.)

Stromatiniose *(Stromatinia gladioli)* : peu fréquente en France mais dangereuse en Hollande; sur feuilles : jaunissement puis pourriture de la base de la tige *(avec sclérotes)*; se conserve très longtemps dans les sols. Lutte : voir Fusariose; traitement du sol.

Botrytis *(B. gladiolorum)* : surtout en fin de végétation (fréquent et grave). Lutte : voir Fusariose (Bénomyl) et Vinchlozoline sous abris.

Curvularia gladioli : nécroses sur les cormus de certains cv. Lutte : voir Fusariose.

Rouille transverse : *(Uromyces transversalis) :* assez fréquente au printemps et en automne dans le sud-est. Lutte : Triforine...

Viroses : Mosaïque jaune du Haricot et surtout Mosaïque du Concombre (panachure des fleurs). Lutte : sélection sanitaire visuelle dans les cultures de bulbes.

COMMERCIALISATION ET UTILISATION

Normes C.E.E. de commercialisation des bulbes : calibre minimal 8 cm pour les « grandes fleurs » et 5 cm pour les *G. colvillei* et types voisins.
Très belles fleurs coupées de plein air et de serre, de bonne conservation.
Récolte : lorsque les pétales se colorent sur les *trois fleurons* inférieurs ; placer en chambre froide à + 4 °C/+ 5 °C dans de l'eau.

AUTRES PLANTES BULBEUSES A FLORAISON ESTIVALE

Bégonia tubéreux

Bégoniacées

Les Bégonias cultivés sont tous des hybrides. On peut les présenter ainsi :

B X bertinii : fleur simple, rouge vermillon ; hauteur : 40 cm ; tubercules très gros, aplatis.

B X tuberhybrida (= *B. X erecta)*

Ces hybrides ont des tubercules moins gros et arrondis.
Le groupe « Erecta » est le plus cultivé et se divise en :

« **Erecta** » **à fleurs simples et grandes** (B. t. à grandes fleurs) ; hauteur : 30 cm ; coloris variés (sauf bleu). *Exemple :* 'Le Papillon'.

« **Erecta** » **à fleurs doubles et grandes** (B. t. à grandes fleurs doubles) ; hauteur : 30 cm ; mêmes coloris. *Exemple :* 'Bouton de Rose'.

Culture de tubercules de Bégonias tubéreux à Lochristi, près de Gand (Belgique).

« **Erecta** » **multiflores** (B. t. multiflores); hauteur : 20 cm et petites feuilles; coloris variés; fleurs plus petites, simples ou doubles. *Exemple :* 'Hélène Harms' (jaune), 'Flamboyant' (rouge), 'Double maxima' (nouvelle race).

« **Erecta** » **pendula** *(B. pendula);* port retombant, fleurs simples ou doubles.

Importance économique : très cultivés en *Belgique* (190 ha), *près de Gand.*

MULTIPLICATION

Semis

Voir Bégonia à massifs; on obtient en automne de petits tubercules de 3 à 4 cm de diamètre. Utilisé pour *B. erecta* à grandes fleurs et Multiflores.

Bouturage (pour les Multiflores)

Mise en végétation des tubercules en serre ou sur couche chaude en janvier : prélever des boutures à talons; placer en bâche à multiplication.

Division de tubercules :

Pour les gros tubercules *(B. bertinii* par exemple*)* après mise en végétation en janvier-février.

CULTURES

A partir du semis

Voir Bégonia à massifs.

A partir du bouturage : voir Bégonia à massifs.

A partir des tubercules (ou tronçons de tubercules)

Après mise en végétation en mars, en serre ou sur couche tiède, planter à partir du 15 mai.

Sols : bonne terre de jardin, sableuse et amendée en terreau ou en tourbe.

Exposition : plein soleil ou mi-ombre.

Soins culturaux : maintenir le sol frais (arrosages fréquents en été); tuteurer les plantes fortes.

Conservation des tubercules : arracher aux premières gelées, laisser sécher, trier, hiverner en local sec (dans des lits de tourbe) à une température de 5 à 10 °C avec H.R. supérieure à 70/75 %.

Floraison : début juillet-octobre.

ENNEMIS

Fontes des semis *(Pythium ultimum).*

Bactériose *(Xanthomonas begoniae),* provoquant la pourriture « humide » des feuilles.

Oïdium.

Nématodes.

COMMERCIALISATION ET UTILISATION

Normes de calibrage : 3 cm de diamètre minimum pour les B. à grandes fleurs et 2,5 cm pour les Multiflores.
Décoration des massifs, à mi-ombre, ou potées fleuries pour balcons, etc.

Canna

Balisier — Cannacées

On cultive les C. hybrides, remarquables par : leur taille (de 0,50 à 1 m et plus); leur feuillage dressé vert ou brun; leur gros rhizome et leurs grandes fleurs.

Classification :

Cannas grands et à feuilles vertes (tous coloris sauf bleu) : 'Oiseau de Feu' (rouge écarlate 1,10 m).
Cannas à feuilles pourpres (tous coloris) : 'Triomphe' (rouge, 1,20 m).
Cannas nains : 'Puck' (jaune, 0,60 m).

MULTIPLICATION

Semis

Voir Bégonia; procédé lent et surtout délicat.

Division

Effectuée sur les rhizomes en cours de conservation et avant mise en végétation (janvier-février); on réalise des tronçons ou éclats avec un ou deux bourgeons.

CULTURES

Après semis : repiquer en godets, placer en plein air en juin. Peu ou pas de floraison la première année.

Après division : mise en végétation en mars, sur couche chaude (ou en bâche à multiplication) ou sous tunnels de plastique chauffés (14-16 °C), les fragments de rhizomes étant rempotés en godets. Plantation : 15 mai (grands écartements).

Sols : sableux et humifères, bien drainés.

Exposition : plein soleil.

Soins : arrosages fréquents.

Conservation : Après rabattage des tiges, on conserve les rhizomes à 5/10 °C avec une motte de terre.

Floraison : juillet-octobre.

ENNEMIS

Pucerons, Acariens et Virus de la mosaïque.

UTILISATION

Pas de normalisation pour les tubercules.
Massifs ou en isolés, à exposition ensoleillée.

Dahlia

Composées

Plante très cultivée (55 ha en France dont 30 en Anjou).
Originaire du Mexique (hauts plateaux de nature argilo-siliceuse); plante héliophile.
Remarquable par son inflorescence en capitule et ses racines tubérisées (ou tubercule au sens large).
Les deux principales espèces-types sont *D. variabilis* (précurseur des « D. décoratifs ») et *D. juarezii* (précurseur des « D. cactus »).

Physiologie de la tubérisation

Tubérisation et croissance apicale sont inversement proportionnelles.
La tubérisation est induite par les jours courts.

Classification des très nombreux cultivars

Dahlias à grandes fleurs ; hauteur : 1 m à 1,80 m ; fleur de 10 à 30 cm de diamètre.
D. *cactus ;* ligules fines, tubulées, d'aspect rayonnant : tous coloris (sauf bleu). Exemple : 'Télévision' (orangé).
D. *décoratifs ;* ligules plates, larges ; tous coloris. Exemple : 'Ville d'Angers' (rouge vif).
D. à *collerette ;* fleur simple à « collerettes » (petites ligules entourant les fleurs du centre). Exemple : 'Comet' (rouge, collerette blanche).

Dahlias à petites fleurs ; hauteur : 0,50 à 1,50 m ; fleurs de 4 à 6 cm de diamètre.
D. *pompons, balles ou lilliput :* ligules courtes et serrées (en « nid d'abeilles »). Ex : 'Atoll' (rouge).
D. *nains :* hauteur 40 à 60 cm ; à fleurs simples ou doubles, à fleurs d'anémones ou alvéolés ; feuilles vertes ou brunes. Ex. : 'Rocquencourt' (fl. doubles, rouge orangé).
D. *top-mix* (très nains).

Remarque : avec l'apparition de nouveaux types de fleurs (« cactus » à petites fleurs par ex.) cette classification peut être discutée !

MULTIPLICATION

Semis

Pour l'obtention de cv. nouveaux après hybridations ; effectués en caissettes, en mars.
Pour la production de plantes à massifs : culture identique à celle des « Annuelles » comme par exemple l'Œillet d'Inde.

Bouturage

Mise en végétation des tubercules en serre en janvier-février sur tablettes chauffées à 15-20 °C, dans un substrat de tourbe et de sable en parties égales ;

Dates du bouturage : mars à mai ;

Technique : prélever des boutures de 5 à 10 cm avec un greffoir désinfecté (comme on le fait pour le Pélargonium). Placer les boutures en bâches chauffées, sous châssis (couche chaude) ou directement en godets de 7 et en serres, à 18 °C dans un mélange terreux assez riche (T.K.S. 2 par ex). La reprise a lieu en 2 à 3 semaines (20 à 60 boutures par tubercule en 2 à 3 mois).
Les plants obtenus sont pincés (au moins une fois).

Division de tubercules

Mise en végétation fin mars, en serre ou sous châssis, dans un substrat léger et humide ;

Diviser (= éclater) les souches : conserver au moins un bourgeon du collet par élément de tubercule.

Culture in vitro

Elle peut se faire à partir de méristèmes.

Plantées en pleine terre en juin, les boutures de Dahlias ont produit des tubercules qui sont arrachés mécaniquement en novembre (après rabattage des tiges).

CULTURES

A partir du bouturage ou du semis

Plantation : soit en plates-bandes pour la décoration (vers le 15 mai); soit plus tardivement (juin) pour l'obtention de tubercules de taille moyenne qui seront vendus en hiver; plantation à la machine : 10/12 plants par mètre soit 100 000 à 120 000/ha; cette densité assez importante et la date de plantation tardive permettent de freiner le grossissement des tubercules (normes minimales : 40 g pour les D. décoratifs).

A partir des tubercules (ou d'éléments de tubercules).

Plantation : sous climat moyen, vers le 15 avril (tubercules ordinaires); et vers le 15 mai (tubercules en végétation). Distances : 1 × 1 m pour les Dahlias à grandes fleurs; 0,50 × 0,50 m pour les Dahlias à petites fleurs.

Sols : tous les sols non calcaires, (pH ≃ 7) enrichis éventuellement en fumier tres décomposé (300 kg/are) pour les massifs ou la fleur coupée.

Fertilisation (production de tubercules) :

Equilibres : 1-1-2 ou 1-2-3 (comme pour la Tulipe). Eviter l'excès d'azote qui provoque un développement trop important du feuillage au détriment du grossissement des tubercules.

Exposition : ensoleillée.

Soins culturaux :

Arrosages copieux et réguliers.
Désherbage chimique possible (Chloroxuron, Propyzamide, Propachlore...).
Tuteurage des Dahlias à grandes fleurs, en production de fleurs coupées.

Opérations culturales (pratiquées en culture pour la fleur coupée) :

Pincement : effectué après la plantation sur les jeunes tiges au-dessous de deux paires de feuilles terminales (cas des Dahlias à grandes fleurs uniquement).
Eboutonnage et ébourgeonnage des boutons et bourgeons axillaires situés aux 2 étages de f. inférieures.
Suppression des fleurs fanées.

Dans le cas des cultures de tubercules, le feuillage est « fauché » partiellement dans le courant de l'été ce qui facilite l'arrachage et permet un grossissement normal des tubercules.

Récolte et conservation : aux premières gelées on supprime le feuillage et l'arrachage s'effectue mécaniquement par soulèvement des tubercules. Les tiges sont rabattues et le ressuyage a lieu au champ ou en local de conservation. Triage, nettoyage et hivernage à 5-10 °C avec H.R. = 80 à 85 % afin d'éviter une perte de poids trop importante des tubercules.

Floraison : juillet aux premières gelées.

ENNEMIS

Ravageurs

Pucerons, Acariens (posent peu de problèmes mais sont des vecteurs de virus).

Maladies

Entyloma dahliae : taches circulaires sur feuilles ; lutte : Manèbe, Captane...

Maladies à virus (les plus graves et les plus fréquentes). Différents virus : Spotted Wilt : le plus répandu (vecteur : Thrips) ; Virus I du Concombre ou Mosaïque (vecteur : Pucerons) ; Mosaïque du Dahlia (même vecteur).

Bactérioses (de plus en plus fréquentes ; très graves) : *Agrobacterium tumefaciens* (tumeurs des tubercules), *Corynebacterium fascians* (galles feuillées) et *Erwinia chrysanthemi* (pourriture des tubercules).

Lutte (contre virus et bactéries) : désinfection des substrats, outils et matériels. Eliminer et brûler les plantes malades. Mise en place d'une **sélection sanitaire des pieds-mères ;** la méthode d'isolement est la plus utilisée actuellement pour la détection des bactéries. Quant à la technique E.L.I.S.A. elle se met en place pour la sélection vis-à-vis des virus.

COMMERCIALISATION ET UTILISATION

Normes de commercialisation des tubercules : 40 g minimum pour les D. grands et 25 g pour les D. nains.
Décoration des massifs (les D. nains sont actuellement les plus demandés).
Fleurs coupées : Dahlias cactus (surtout) et Lilliput ; bonne tenue en vase.

Lis

Lilium — Liliacées

Plantes rustiques ou de serre froide, remarquables par : leurs bulbes écailleux à renouvellement pluriannuel ; leurs tiges à feuilles sessiles ou pétiolées et leurs fleurs grandes et très décoratives de 3 types : en coupe (calice), en trompette ou en turban.
Il existe de nombreuses espèces botaniques : en production florale ou n'en cultive que quelques-unes ; par contre il existe de nombreux hybrides.

Classification

* ***L. candidum*** (Lis blanc) ; floraison en juin ; rustique.
L. longiflorum (Lis à longues fleurs) ; floraison en juillet ; blanc ; peu rustique ; ex. : 'Araï'.

* *L. speciosum* (Lis remarquable); floraison en août-septembre; rose ponctué de rouge; rustique; ex.: 'Rubrum', 'Uchida'.
L. tigrinum (L. tigré); floraison en juillet-août; rouge ponctué de noir; rustique.
* **L. hybrides;** floraison en juin-juillet; assez rustiques:
hybrides « Hollandicum »; ex.: 'Fire King';
hybrides « Mid Century »; ex.: 'Enchantment', 'Connecticut King', 'Mont Blanc'...;
hybrides « Extrême-Orient »; ex.: 'Journey's End'.

(Les espèces ou hybrides précédés d'un astérisque sont les plus cultivés pour la production de fleurs coupées.)

Physiologie

Le levée de dormance et l'induction florale sont provoquées par les basses températures. Deux types de traitements thermiques peuvent être appliqués aux bulbes:
température de + 2 °C pendant 6 à 8 semaines après la récolte;
température de — 2 °C pendant plusieurs mois pour plantation toute l'année (bulbes congelés).

Importance économique: les Pays-Bas ont le monopole de la production de bulbes (2500 ha); qui se développe par ailleurs au Japon.

MULTIPLICATION

Semis (obtention des nouveaux cultivars)

En caissettes (tourbe et sable) à 20-25 °C en fin d'été; levée plus ou moins rapide et irrégulière. Floraison au bout de 4 à 6 ans.

Utilisation des caïeux

Ceux-ci se développent à la base du bulbe et sont plantés comme les caïeux de Glaïeuls; 2 à 3 ans de culture.

Bouturage d'écailles

Placées en terre légère ou dans la vermiculite humidifiée, en caissettes à partir de fin novembre à 23 °C pendant 3 mois;

Production de bulbes de Lis à partir des écailles.

plantation des caïeux obtenus en mars-avril. Floraison en 2 à 5 ans.

CULTURES

A partir des procédés 1, 2 ou 3 on obtient des petits bulbes qu'il faut cultiver plusieurs années de suite pour les commercialiser (voir Glaïeuls).

Cultures à partir de bulbes du commerce

En plein air : plantation en avril, à 10-15 cm de profondeur et à écartement assez grands (30 × 30 cm).

En serre pour le forçage : on utilise des bulbes préparés (voir Physiologie) de calibre 12/14, 14/16 et 16/18. Substrats : sol léger, perméable, désinfecté et amendé en tourbe ; pH ≃ 6. Date : d'octobre à janvier.

Cultures en pots ou en containers ou en caisses : empoter le bulbe sans le recouvrir (pour éviter la pourriture) ; après enracinement compléter le remplissage.

Cultures en planches : enterrer à 8-10 cm de profondeur ; densité : 50 à 80 bulbes/m^2 ; maintenir le sol toujours humide. Températures 12 °C après plantation puis 15 à 18 °C jusqu'à la coloration des boutons ; terminer le forçage à 13-15 °C. La fertilisation peut être identique à celle pratiquée pour les Glaïeuls cultivés en « fleurs coupées ».

Durée de la culture : 3 à 4 mois. Récolte au stade « bouton coloré », conservation à + 6 °C, dans l'eau.

Irradiation possible ; les Lis sont très sensibles à un éclairage d'appoint pendant ce forçage. On applique 1 000 à 2 000 lux, pendant 6 heures et plus et après 22 heures, à partir de la formation des premiers boutons floraux et jusqu'à la floraison (3 à 4 semaines) ; on diminue ainsi les risques d'avortement des fleurs et la chute des boutons.

Exigences (pour la culture en plein air) :

Sols, exposition : voir Glaïeuls.

Tuteurage nécessaire.

Conservation : voir Bégonia ; les bulbes étant très sensibles à la dessication ou maintient l'H.R. à 90 % dans les chambres de traitement et on les emballe dans de la tourbe humide.

Floraison normale : de juin-juillet à octobre (en plein air).

Culture d'"Enchantement' avec éclairage d'appoint (Lampes à vapeur de sodium), en Anjou.

tunia F1 'Red Picotee'.

Tagetes patula 'Yellow Jacket'.

lvia farinacea 'Victoria'.

Pelargonium F1 'Scarlet Diamond'.

elques obtentions de plantes à massifs
mées par Fleuroselect.
chés Fleuroselect, Jan Van Nassaustraat 109,
96 BS, La Haye, Pays-Bas.)

❶

❷

❸

1. *Pelargonium zonale*, l'espèce-type.
2. *Pelargonium inquinans,* l'espèce-type. (Cliché réalisé à partir de l'ouvrage de J.-J.-A. Van der Walt « Pelargoniums of Southern Africa ».
3. Un *Geranium* véritable : *Geranium grandiflorum.*
4. Détail d'une fleur simple de *Pelargonium* × *hortorum* 'Westfalen'.

❹

Pélargonium et Géranium.

❶

1. Inflorescence à fleurs doubles de *Pelargonium × hortorum* 'Topscore'.
2. Une curiosité : *Pelargonium × hederæfolium* 'White Mesh'.
3. Inflorescence à fleurs doubles de *Pelargonium × hederæfolium* 'Super Rose'.
4. Feuilles tricolores de *Pelargonium × hortorum* 'Henry Cox'.

❷

❸

Différents hybrides de Pélargonium.

❹

Culture de Soucis
(pour la fleur coupée)
sur les collines de Nice,
en mars.

Serre de producti
d'Œillets et de Roses d'In
élevés en mottes pressée

Pelargonium X F1
'Sprinter'
prêts pour la vente
(Pays-Bas).

Les halles
du magnifique village
de Domme (Dordogne)
sont décorées
avec des *Pelargonium*
« lierres ».

Culture « hors sol »
d'*Helianthemum*
X 'Arlette',
très jolie plante
aux nombreuses
qualités.
(Ets Lepage, Angers.)

Culture traditionnelle
de Phlox en plein champ
avec arrosage oscillant.
(Ets Lepage.)

ENNEMIS

Ravageurs

Criocère du Lis, **Pucerons.**

Maladies

Fusariose (la plus grave). Lutte : voir Glaïeul.
Botrytis elliptica et ***cinerea;*** lutte : Iprodione, Thirame...
Viroses : maladies graves au forçage (marbrure et chute des fleurs); provoquées par un complexe de virus. Lutte : régénération par culture de méristèmes (cf. Œillet).

COMMERCIALISATION ET UTILISATION

Normalisation des bulbes : calibres 10 à 18 cm.
Luxueuses décorations pour les plates-bandes fleuries ou les bacs. Protéger les espèces peu rustiques par une couverture de paille ou hiverner en serre froide.
Elégantes fleurs coupées (vendues en bottes de 10).

Chapitre VI

Les plantes à massifs

Sous la dénomination « **Plantes à massifs** » nous regroupons :

Les plantes bisannuelles dont le cycle de végétation s'échelonne sur deux années (dénomination horticole); décoratives pour leurs *fleurs*; multiplication par semis.

Les plantes annuelles dont le cycle de végétation s'effectue au cours de l'année de multiplication; décoratives pour leurs *fleurs* (le plus souvent); multiplication par semis.

Les plantes « molles » (dénomination horticole) ou plantes à massifs au sens strict, c'est-à-dire : plantes vivaces en serre froide et utilisées pour la décoration estivale des jardins; décoratives pour leur *feuillage* et leurs *fleurs;* multiplication par bouturage et semis.

Les plantes vivaces ou pérennes, demeurant en place plusieurs années, dont les tiges meurent chaque hiver mais dont la souche reste durable; décoratives pour leurs *fleurs* (et leur feuillage); multiplication végétative et semis.

Importance économique

300 millions de plants produits annuellement par les horticulteurs et les maraîchers sur 800 ha (500 ha en plein air et 300 ha sous abris); production en augmentation régulière (plus de 20 % par an).

Les services d'espaces verts des villes produisent également ces plantes à massifs en très grandes quantités. Exemples :

— Paris : près de 2 millions par an;
— Bordeaux : plus de 600000 par an;
— Angers : plus de 200000 par an...

Planning général de production et d'utilisation

(Voir tableau p. 184)

I — PLANTES BISANNUELLES

La définition donnée par les horticulteurs à ce groupe de plantes à massifs est différente de celle des botanistes.

Origine botanique

Les plantes bisannuelles cultivées dérivent toutes de genres et espèces vivaces ; si on les laisse en place, elles retrouvent, pour la plupart, leur caractère *d'origine.*

Caractères écologiques

En général acaules (« rosette » de feuilles) ; adaptées à supporter les basses températures hivernales, de nombreuses plantes ayant une origine montagnarde *(Viola cornuta, Myosotis alpestris...).*

Intérêt horticole

Ornementation des massifs d'octobre à mai (intérêt décoratif fondamental en Services de jardins de ville), souvent en association avec les plantes bulbeuses.

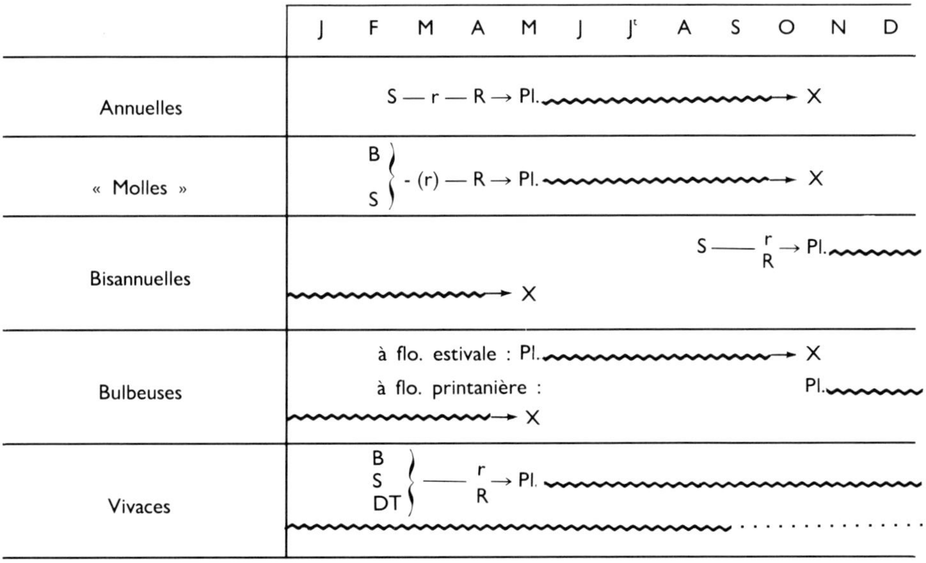

Légendes : S = semis ; r = repiquage ; R = rempotage ; Pl = plantation en massifs ; X = arrachage ; B = bouturage ; DT = division de touffe.
N.B. les plantes bulbeuses ont été ajoutées à ce tableau pour leur intérêt décoratif : association possible avec les plantes à massifs.

Production et utilisation des plantes à massifs

Plan de culture

Première année :

Semis en début d'été, en pépinière. Repiquage en planches, en plein air ou en mottes pressées ou en godets de plastique sous tunnel. Plantation en massifs (ou parfois en pots).

Deuxième année : ——

Floraison. Déplantation et destruction des plantes.

Giroflées et Ravenelles

Matthiola et *Cheiranthus* — Crucifères

On distingue deux genres :

Matthiola, à feuilles pubescentes (Giroflées proprement dites).
Cheiranthus, à feuilles glabres (Ravenelles).

Fleurs et graines sont caractéristiques de la famille des Crucifères : fleurs de type 4 et siliques à graines rondes et aplaties.

Genre Matthiola

Les Giroflées cultivées en *bisannuelles* dérivent de *M. incana.*

Différents groupes :

G. d'hiver de Nice (0,50 cm), très cultivées également sur le littoral méditerranéen pour la fleur coupée. Le meilleur groupe pour ce type de production est 'Excelsior' et, en particulier 'Mammouth Colonne'; culture peu exigeante en température (10 à 15 °C) à conduire comme celle du Muflier; hauteur : 80 à 100 cm.

G. d'hiver Dame (0,40 cm).
Tous coloris (teintes pastel en particulier) : blanc, mauve, rose, rouge, bleu...

Seuls les groupes à *fleurs doubles* sont intéressants en culture : fleurs de plus longue durée et plantes plus compactes.
Mais ils sont stériles (étamines et carpelles étant remplacées obligatoirement sur des plantes à fleurs simples d'un groupe connue pour sa tendance à la duplicature (en général 50 à 85 %).

Le gène de la duplicature étant lié à la *couleur des feuilles :*
Vert clair → fleurs doubles
Vert foncé → fleurs simples,
en éliminant au premier repiquage les jeunes plantules à feuillage vert foncé, on sélectionne 100 % de plantes à fleurs doubles. La différenciation de couleur des plantules est accentuée si on maintient la température à + 4/+ 5 °C pendant une semaine.

Genre Cheiranthus

Dérivent de *Ch. cheiri* (Giroflée des murailles), plante vivace saxatile et calcicole, à floraison précoce.
On cultive : *Ch. cheiri* et *Ch. × allionii* (dont le nom exact est : *Erysimum × allionii).*

Ch. cheiri

Groupes à fleurs simples : grandes, 'Roi des feux', 40 cm, rouge, naines, 'Tom Pouce', 25 cm, jaune.
Groupes à fleurs doubles : 'Doubles Grandes', 50 cm, 'Doubles Naines', 30 cm.
Coloris très vifs : orange, jaune, brique...

Ch. allionii

Assez nains, 30 cm ; coloris jaune, orange, très vifs ; végétation plus uniforme ; très utilisés actuellement.
Exemple : 'Scarlet', 'Orange' et 'Golden Beeder', très hâtifs.

MULTIPLICATION

Par semis (600 à 700 graines au gramme). A la volée, en juin-juillet, en pépinière, c'est-à-dire en coffre sous châssis permettant l'ombrage des plants (15/18 °C).

Substrat : terreau de feuilles et terre de jardin ou T.K.S. 1.

La levée a lieu en 10/15 jours.

CULTURE

Repiquage : en août, 30 à 40 jours après le semis; en planches, à 20 × 20 ou 25 × 25 cm.

Mise en place : plantation en automne à 30 × 30 cm (distances variant avec les groupes et la vigueur des plants) en massifs ou parfois en pots (les *Matthiola* sont hivernés sous châssis ou en serre froide ou sous grand tunnel pour floraison précoce). Sur la Côte d'Azur la floraison est hivernale et les Giroflées sont vendues comme « Fleurettes ».

Floraison de mars à mai.

Exigences : plantes peu exigeantes sur la nature du sol; supportent les sols calcaires, salés et mêmes arides. Redoutent l'humidité excessive et les grands froids (en particulier *Matthiola* et *Ch.* × *allionii*, très sensible aux alternances de gel et dégel).

ENNEMIS

Ceux des Crucifères en général.

Oïdium ou « Blanc » *(Erysiphe cicoracearum);* lutte : Soufre, Dinocap, Triforine...

Rouille blanche *(Albugo candidans).* Pustules nacrées *différentes* du feutrage blanc de l'*Oïdium;* lutte difficile : Triforine...

Hernie des Crucifères ou Galle du collet *(Plasmodiophora brassicae).* Fréquent en sols acides à pH inférieur à 6.

COMMERCIALISATION ET UTILISATION

Plants vendus en « arrachis » ou en godets. Fleurs coupées. Massifs : floraison printanière; association avec d'autres bisannuelles ou avec Tulipes; parfum agréable.

Myosotis

Borraginacées

Dérivent de *M. alpestris.* Inflorescence scorpioïde *caractéristique;* petites fleurs, feuilles tomenteuses en rosettes.

Groupe de grande taille : 'Corbeille bleue', 30-40 cm,
Groupe de petite taille : 'Victoria', 'Ultramarine', 15-20 cm.

Coloris : bleu, rose et blanc.

MULTIPLICATION ET CULTURE

Comparables à celles des Giroflées.

A noter cependant :

nombre de graines au gramme : 1 800; levée en 15/20 jours.

exigences : les Myosotis supportent très bien les basses températures et les expositions à mi-ombre; utiliser de préférence des sols neutres, ou acides, et frais.

ENNEMIS

Oïdium *(Erisyphe horridula).*

COMMERCIALISATION ET UTILISATION

Vendus en « arrachis » ou en godets.
Bordures, massifs. Floraison d'avril à mai.

Paquerettes

Bellis - Composées

Dérivent de *Bellis perennis.* Inflorescences en capitules permettant la classification :

Pâquerettes à grandes « fleurs » : capitules de 5 à 7 cm de diamètre : groupe de Chevreuse et Super Enorma.

Pâquerettes à petites « fleurs » : capitules de 1 à 2 cm de diamètre : groupe Pomponette, à longues tiges ; groupe Tapis, très précoce ; groupe Roggli, très florifères.

Coloris : rouge, rose, blanc.

MULTIPLICATION ET CULTURE
Cf. Giroflées

A noter :

Un gramme contient 6000 graines ; levée en 15/20 jours ;

Très résistantes au froid, aux expositions ventées ;

Sols frais de pH neutre ou légèrement basique ;

La floraison commence en *septembre* et l'effet décoratif est intéressant *dès la mise en place.*

ENNEMIS

Peu fréquents (parfois *Oïdium*, Pucerons...).

COMMERCIALISATION ET UTILISATION

Vendues en « arrachis » ou en godets.
Bordures, tapis, bacs et fleurs coupées (petits bouquets garnis de feuilles de Lierre pour le groupe Pomponette).

Pensées

Viola - Violacées

Les Pensées cultivées dérivent de :

Viola tricolor : Pensée sauvage, spontanée, à trois couleurs : violet, blanc et jaune.

Viola cornuta : Pensée des montagnes ou Violette cornue (présence d'un éperon très développé derrière la fleur), de couleur bleu violacé.

Des hybridations entre *V. tricolor* et d'autres espèces *(V. lutea...)* ont donné **les pensées véritables :** *Viola X wittrockiana* (ou V. *tricolor* var. *maxima* dans certains catalogues).

Des améliorations de V. cornuta ont permis de l'introduire en culture, en conservant son nom spécifique.

Rappels de systématique : plante vivace à limbes cordiformes et à fleurs plus ou moins zygomorphes, ce caractère disparaîssant chez les Pensées véritables.

Classification

Pensées véritables

Pensées à très grandes fleurs (P. « géantes ») :
Géante de Hollande, précoce et sans macules,
Géante de Suisse (Pensées de Roggli) : très cultivée, moins précoce, avec ou sans macules ; ex : 'Lac de Thoune', bleu foncé à macules, 'Coronation Gold', jaune vif...

Culture traditionnelle de Pensées et de Myosotis en pleine terre.

Culture sous tunnel en godets hors sol.

Hybride F I : avec ou sans macules. Coloris vifs, très précoces, homogènes et très florifères; les plus demandés actuellement; ex : 'Pallas', 'Majestic', 'Paramount', 'Roc'...

Pensées à grandes fleurs (les plus anciennes) :
Trimardeau : maculée, les deux pétales supérieurs sont fréquemment bleu violacé; floraison plus tardive;
Hiemale : la plus précoce (mars), très florifère; ex : 'Hélios' (jaune), 'Lac de Zurich' (bleu clair).

Tous coloris; les plus demandés sont le jaune et le bleu.

Violettes cornues

Tous coloris. Fleurs assez zygomorphes, en général plus petites; floraison très précoce et de longue durée; ex : groupe de Paris.

MULTIPLICATION ET CULTURE
(Cf. Giroflées et Nouvelle technique, voir ci-après)

A noter :

Un gramme contient 7 à 800 graines; recouvrir les graines; levée en 8/10 jours.

Conditionnement des Pensées pour la vente.

Exigences : sols frais, silico-argileux et sains ;

pH voisin de 7 ; s'il est trop bas les plantes s'étiolent ;

Eviter les excès d'humidité : exposition ensoleillée ;

Désherbage chimique : Lénacile (traiter les plantes après le stade « cotylédons » ; 10 g dans 10 l d'eau par are) ou Trifluraline (en prérepiquage ; 8 g/are).
Le désherbage peut être réalisé également à l'aide d'un produit de désinfection du sol comme le Dazomet (50 g/m^2).

Il est possible de cultiver les Pensées en « annuelles », en particulier pour la production des F1.

Evolution des techniques de production : semis directement en plaques de polystyrène alvéolées ou en godets de plastique ou en mottes pressées, à raison d'une graine par contenant. Placer à l'extérieur sous ombrage (claies, ombrière en nylon...) ou sous grand tunnel. La vente s'effectue sous cette forme, dans les magasins à grandes surfaces en particulier.
La floraison a lieu à partir *d'octobre*, si le semis a été effectué assez tôt, fin juin par exemple et dès la fin des grands froids qu'elles supportent très bien.

ENNEMIS

Ils sont fréquents, apparaissent de plus en plus en cultures (surtout en sols humides) et attaquent racines et collets essentiellement.

Ravageurs

Pucerons : très fréquents, véhiculent les **Viroses ;** lutte : Parathion, Lannate...

Cécidomye des Violettes ; feuilles courtes, épaissies et enroulées ; lutte : cf.

Nématodes : Meloidogyne : galles } sur les racines ;
Pratylenchus : taches brunes } sur les racines ;
lutte : désinfection du sol ; Aldicarbe.

Maladies

Pythium : au semis, fonte. Sur plants : jaunissement, aspect fané, cassure du collet. Favorisé par une température élevée et une grande humidité (à la suite des orages) ; lutte : désinfection des sols et des substrats ; traiter avec Prothiocarbe.

Fusarium : flétrissement brusque.

Thielaviopsis : cf. *Pythium ;* les racines pourrissent ; lutte : Bénomyl.

Oïdium violae : feutrage blanc puis les feuilles meurent ; lutte : Soufre, Dinocap, Triforine...

Peronospora violae (Mildiou) : semble être de plus en plus fréquent et grave. Duvet violacé à la face inférieure des feuilles ; lutte : fongicides (traiter la partie inférieure des feuilles de préférence) ; Manèbe, Zinèbe...

Viroses : rabougrissement, nanisme (détruire les Pucerons).

COMMERCIALISATION ET UTILISATION

Vendues en « arrachis », en godets de plastique, en mottes pressées.
Décoration des bacs, des massifs, seules ou en association avec d'autres « bisannuelles » ou avec des « bulbeuses ».

Primevères

Primula - Primulacées

Cultivées en bisannuelles, ces Primevères appartiennent à deux espèces ou hybrides :

Primula vulgaris, plus connue sous le nom de *P. acaulis* dans les catalogues (voir Primevères de serres); on cultive surtout les excellents hybrides F1 comme par exemple 'Ducat', 'Présage'...

Primula X elatior : c'est la Primevère des jardins (voir Plantes vivaces). Elle se distingue de la précédente par ses fleurs groupées en ombelles et portées par un pédoncule floral plus ou moins long selon les groupes : 'Géant Pacific' porte une inflorescence de 20/30 cm ; 'Pacific Naine' a une inflorescence de 10/15 cm dont les pédoncules ne sont pas visibles hors du feuillage.

Coloris très vifs, très chauds : bleu, jaune, rouge, rose, blanc.

MULTIPLICATION CULTURE

On peut distinguer deux types de production : traditionnelle (cf. Giroflées) et moderne (pour une vente programmée, en godets).

La culture programmée

Semis

Les dates de semis sont déterminées par l'époque de la vente.

Semis fin avril : floraison en octobre/novembre ; culture en serre ou sous abri (10/20 °C en automne); choisir des hybrides F1.

Semis à la mi-mai : floraison en décembre ; mêmes conditions de culture; convient aux F1 et à *Primula X elatior.*

Semis en juin : floraison en janvier/février (dans les mêmes conditions) ou en mars en serres ou sous abri peu chauffé (antigel); convient aux deux espèces.

Technique

Voir Primevères de serres. Températures : 15 à 18 °C au maximum.

Culture

Elle consiste en un repiquage, 6 à 7 semaines après le semis et un rempotage en godets de plastique (7/8 cm) ou de poterie traditionnelle (9/11 cm), trois mois après le semis.
Températures : 15 °C au maximum en été et 10 à 12 °C en automne et en hiver pour une floraison précoce ; 5 °C pour une floraison plus tardive.

Substrats : voir Primevères de serres.

ENNEMIS

Voir Primevères de serres.

COMMERCIALISATION ET UTILISATION

Vendues en arrachis (plantation des massifs en automne) ou en godets (plantation de novembre à mars).
Décoration des bacs et des massifs; parfum agréable.

Remarque :

D'autres genres moins cultivés peuvent intéresser les amateurs ou les services d'espaces verts des villes : Lunaire (·Monnaie du Pape·), Digitale pourpre, Campanule à grosses fleurs *(C. medium)*, Silène *(S. pendula)*, Cinéraire (voir cette production), en régions à hiver très doux (Midi).

2 — PLANTES ANNUELLES

Etant donné la multitude des genres cultivés, nous retiendrons trois exemples-types, correspondant à trois méthodes de semis :

en serre : Pétunia;

en pépinière (sur couche), sous châssis et également en serres ou sous tunnel : Oeillet d'Inde et Rose d'Inde;

en place : Souci.

Une sélection de quelques autres plantes annuelles intéressantes sera présentée à la suite (Voir tableau).

Pétunia

Petunia X — Solanacées

Caractères de systématique : feuillage tomenteux, poisseux. Fleurs gamopétales.
Originaires du Brésil, d'Argentine.

Les Pétunias cultivés sont des hybrides *(P. nyctaginiflora × P. violae)*.

Classification

Pétunias grands (50 cm et plus)

Très vigoureux : Exemples : 'Gloire des Roses'; Hybrides 'Superbissima'. Peu cultivés actuellement.

Pétunias nains (20-30 cm); ce sont **les plus demandés.**

A fleurs moyennes (5 cm). Exemples : 'Rose du Ciel' et surtout les **hybrides F1 « Multiflores »,** comme : 'Résisto', 'Blue Joy', 'Star Joy'...

A grandes fleurs (10 cm et plus) : *hybrides F1* **Grandiflores** comme 'Fulcon', 'Soie', 'Magic', 'Cascade' (à fleurs simples) et 'Glorious' (à fleurs doubles).

Tous coloris (unicolores ou bicolores).

MULTIPLICATION

Semis (1 g : 8 à 10 000 graines) :

décembre à mars ;
en terrines, caissettes (pour la vente en « caissettes de semis ») ou en plaques de polystyrène alvéolées (« mini » ou « micromottes »); substrats : terreau de feuilles + sable (ou

mélange « prêt à l'emploi » du type T.K.S. 1). Ne pas recouvrir les graines; il est possible d'effectuer le semis à la machine. Placer une plaque de verre ou un film de P.E. perforé sur la caissette; température : 20 à 25 °C;
Levée en 10/12 jours.

CULTURE

Comme toute culture à partir de semis, elle comporte trois phases : repiquage, rempotage et mise en place.

Repiquage

soit en caissettes à 2 × 2 cm, 3 à 4 semaines après le semis. Substrat : 50 % terreau de feuilles + 50 % terre de jardin + sable ou **plus fréquemment** mélange « prêt à l'emploi » du type T.K.S. 1. Température : 18/20 °C.

soit directement en « mottes pressées » (terreau maraîcher par exemple) de 7 cm, disposées à même le sol ou sur feuille de plastique recouverte de 1 cm de tourbe. Température : 18/20 °C.

Différentes techniques de production

Caissettes de semis.

Culture en mottes pressées.

Semis automatique en micromottes.

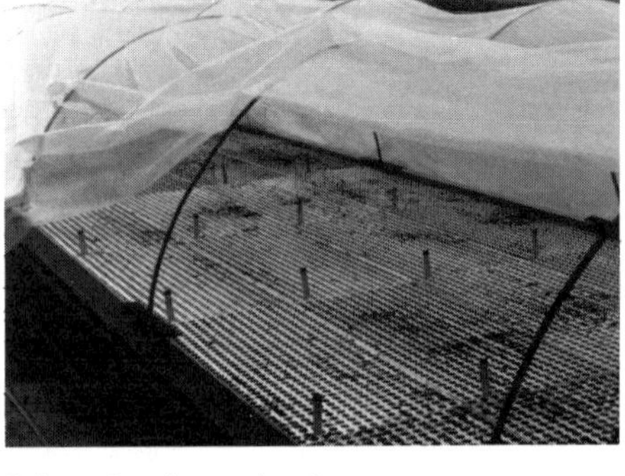

Culture des plaques de micromottes.

Rempotage

En godets de 7 ou 8 (traditionnels) ou en tourbe pressée ou en plastique... 4 à 5 semaines après le repiquage ;

Culture en serre tempérée (10 à 15 °C) ou sur couche tiède dans les services de jardins de villes ;

Substrats : 40 % terreau de feuilles + 30 % tourbe + 30 % terre (et sable) ou mélange « prêt à l'emploi » du type T.K.S. 2.
L'application de réducteurs de croissance, deux à trois fois en cours de culture provoque une meilleure *ramification* des plantes et une floribondité accrue ; utilisation d'Alar 85 à la dose de 3 à 4 g/litre, 10 jours après le rempotage ; on renouvelle le traitement une à deux fois à 10/15 jours d'intervalle.

Mise en place

A partir de la mi-mai sous climat moyen, à 25 × 25 cm (distance variant avec les cultivars, le type de décoration recherché...).

Exigences: exposition ensoleillée, peu exigeant sur la nature du sol (éviter cependant les sols trop calcaires). Les **hybrides F1** ont permis d'obtenir une meilleure résistance aux intempéries (pluies d'été).

Floraison : de très longue durée.

ENNEMIS

Les Pétunias sont assez peu fréquemment attaqués. Désinfecter les substrats contre la fonte des semis en particulier.

Viroses (transmises par *Myzus persicae*) : Mosaique du tabac, peu fréquente. La réaction rapide du Pétunia aux maladies à virus le fait utiliser comme **plante-test** pour mettre en évidence les virus dans les contrôles sanitaires (Chrysanthèmes, par exemple).

COMMERCIALISATION ET UTILISATION

Plants vendus en mottes, caissettes de semis, mini ou micromottes... ce que l'on appelle le « prêt à planter ». Décoration des massifs, plates-bandes, en association avec d'autres annuelles. Potées, jardinières (balcon).

Oeillet et Rose d'Inde

Tagetes patula et *T. erecta* - Composées
Originaires du Mexique.

Oeillets d'Inde (20 à 30 cm)

A « fleurs simples » (une seule rangée de ligules). Ex : 'Légion d'Honneur', 'Sunny'...

A « fleurs doubles », les plus demandés :

unicolores : Ex : 'Sunkist' (orange), 'Orange Boy' (orange) ; 'Yellow Jacket' (jaune)...
bicolores : Ex : 'Carmen', 'Honeycomb', 'Queen Bee', 'Fiesta' (brun et jaune)...

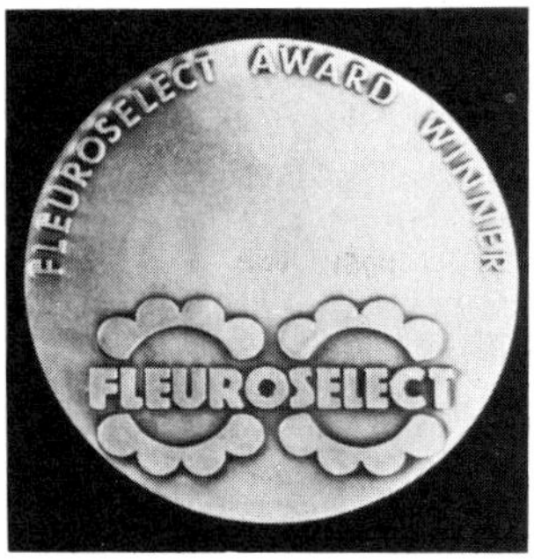

La médaille « Fleurosélect » récompense les gagnants; « Fleurosélect » est une association européenne d'obtenteurs de nouveautés.

Un nouveau cultivar primé par « Fleurosélect » : 'Silvia'.

Roses d'Inde (Hybrides F1)

Grandes (50 à 80 cm). Ex : 'Orange Jubilée'.

Petites (30 à 40 cm). Ex : 'Gold Lady', 'Apollo' (orange) à floraison très précoce.

Remarque : le croisement entre les deux espèces a donné les *Tagetes* × (triploides) appelés « Rose-Œillet d'Inde » et présentant des caractères intermédiaires; ces plantes étant stériles, elles ne forment pas de graines au moment où les fleurs fanent : l'aspect est meilleur. Ex : 'Show Boat' (30 cm, grosse fleur jaune), 'Orange Firework' (30/40 cm, grosse fleur orange)...

MULTIPLICATION

Semis (1 g : 300 à 400 graines) :

en février/mars (ou en janvier pour les races de R. d'Inde vendues en potées fleuries pour avril);

en serre ou en pépinière sur couche (sous châssis); substrat : voir Pétunia. Levée rapide (quelques jours); température : 18/20 °C.

CULTURE

Repiquage éventuel : 3 semaines après le semis, sur couche, à 10 × 10 cm **ou bien** directement en mottes pressées (cf. Pétunia) et cultivés en serres. Température : 12/15 °C.

Rempotage

S'effectue directement à partir du semis : godets de 7-8 (traditionnels) ou en plastique ou en tourbe pressée en services de jardins de villes par exemple.

Substrats : voir Pétunia.

Mise en place.

Vers la mi-mai, à 30 × 30 cm (50 × 50 cm pour les R. d'Inde « grandes »). Exposition : plein soleil et même mi-ombre. Très résistant à la sécheresse. Peu exigeant sur la nature du sol.

Production de Bégonias en plaques de micromottes.

Floraison de très longue durée.

ENNEMIS

Plantes résistantes en général; les limaces attaquent fréquemment les *jeunes plants.*

COMMERCIALISATION ET UTILISATON

Plants vendus en « arrachis », en mottes ou en godets. Massifs, bordures en association avec d'autres annuelles. Potées fleuries (et parfois fleur coupée) pour les Roses d'Inde *(cv. nains).*

Souci

Calendula — Composées

Spontané en France (dans les vignobles); port érigé puis plus ou moins étalé.

Exemples de cv. :

pour massifs : 'Gitana' (30 cm, orange ou jaune)...

pour fleur coupée : 'Corniche d'Or' (orange à « cœur » noir, 50 cm), 'Ollioules' (50 cm, orange à « cœur » vert), 'Indian Song' (50 cm, jaune à « cœur » noir)...

MULTIPLICATION

Semis (1 g = 130 à 150 graines) :
avril;
en place, à la volée ou en lignes en recouvrant les graines. Levée en 10 à 15 jours.

Dans le **midi méditerranéen** le semis a lieu en automne (septembre/octobre) pour la production de fleurs coupées (« fleurettes ») en hiver et au début du printemps. Protéger par des paillassons contre les basses températures.

CULTURE

Eclaircissages si nécessaire, après un semis en caissettes ou en pépinière ou même en place; plantation à 20 × 20 cm.

ENNEMIS

Oïdium, très fréquent en été. Lutte : Soufre micronisé, Dinocap, Triforine.

UTILISATION

Massifs, bordures, « fleurettes » ; très résistant à la sécheresse.

AUTRES PLANTES ANNUELLES

Culture « type Pétunia »

Bégonia (Bégonia - Bégoniacées) *semperflorens* (les moins cultivés). 'Albert Martin', *gracilis* (nains, 20 cm) 'Carmen' (rose vif, feuillage bronzé), hybrides F 1 : les plus cultivés actuellement (hâtifs, florifères, homogènes, 15 à 25 cm) 'Furore', 'Scarletta', 'Ambra', 'Linda'... *Coloris :* rouge, rose, blanc.	Très souvent classé dans les « Plantes molles » (vivaces en serre froide). *Quelques différences avec Pétunia :* *Semis* Novembre à janvier ; température : 20/22 °C. 1 g = 20000 graines *(B. gracilis)*; plus de 50000 pour les F 1. Tamiser très finement le substrat en surface; levée en 10 à 20 jours. *Culture* Repiquages : le premier à 2 feuilles, à 2 × 2 cm (4 à 5 semaines après semis) et le second à 4/6 feuilles, à 4 × 4 cm (5 semaines après). La tendance est à ne faire qu'un repiquage (à 3 × 3 cm). Rempotage : Cf. Pétunia. Substrats : 2/3 terreau de feuilles + 1/3 tourbe ou mélanges « prêts » ; (pH = 6,5). Mise en place : 20 × 20 cm, à partir de la mi-mai. Sols : terre de jardin amendée en terreau de feuilles, tourbe, etc. Veiller à l'alimentation régulière en eau. Exposition : ensoleillée et même mi-ombre. Floraison : très longue durée. *Ennemis : Pythium* (fonte des semis). Vendus en mottes ou en godets. Utilisation cf. Pétunia — (même en mosaïculture).
Salvia (Sauge - Labiacées). *splendens* 'Brasier' (30 cm), 'Feu Magique' (20 cm), 'Carabinière' (25 cm), 'Primco'... ; rouge. *farinacea* 'Victoria' (45 cm), bleu violacé.	*Multiplication et culture :* cf. Pétunia; recouvrir légèrement les graines; 1 g contient 300 graines de *S. splendens* et 700 graines de *S. farinacea.*

Culture « type Pétunia »

Antirrhinum majus (Muflier - Scrofulariacées). élevés (60/80 cm) 'Supertétra', demi-nains (50 cm) 'Papillon', nains (20 cm) 'Floral Carpet', 'Colibri' (hybrides F 1). *Coloris :* tous (sauf bleu).	*Multiplication et culture* (1 g = 7 à 8 000 graines) : cf. Petunia. Soleil ou mi-ombre. Tous sols (30 × 30 à 50 × 50 cm). Massifs ; fleur coupée de *plein air.* *Ennemis :* Rouille (choisir de préférence des cultivars résistants).
Impatiens* X** (1) **et *Impatiens balsamina (2) (Balsamine - Balsaminacées). (1) 'Lutin' 'Florette', 'Amazone', 'Futura' (F 1). (2) 'Buisson fleuri' (40 cm). *Coloris :* rouge, rose, mauve, blanc...	***Multiplication*** (1 g = 2 000 graines ; ne pas les recouvrir). Sols de préférence humides. Mi-ombre ou ombre, mais les F 1 supportent bien le plein soleil. Massifs et potées.

Culture « type OEillet d'Inde »

Callistephus chinensis (Reine-Marguerite - Composées). à fleurs simples : 'Chine Géante', 'Géante Madeleine', à fleurs doubles : — élevées : 'Beauté d'Amérique', 'Powderpuffs', — demi-naines (40-50 cm), 'Burpeana', — naines (20-30 cm) : 'Reine des Naines', 'Pinocchio'.	1 g = 400 graines. Mi-ombre ou soleil ; tous sols. Massifs, fleur coupée. Plantation : 20 × 20 cm pour Reines-Marguerites naines. 40 × 40 cm pour les demi-naines. 60 × 60 cm pour Reines-Marguerites élevées. *Ennemis :* plante sensible à diverses maladies : Viroses, Rouille et surtout la *Fusariose* (choix de cultivars résistants). *Floraison :* à partir de juillet.

Culture « type Œillet d'Inde » *(suite)*

Cosmos bipinnatus (Composées). 'Sensation' (1 m). *Coloris :* bleu, rose, rouge, jaune...	Tous sols, même secs (60 × 60 cm). Plein soleil. Massifs, fleur coupée.
Zinnia elegans (Composées). élevés (80-100 cm) 'Géant de Californie', 'Ruffles' (F 1). nains (20-50 cm) 'Lilliput', 'Peter Pan F 1'. *Coloris :* tous.	1 g = 100/150 graines. Plein soleil, tous sols, même secs (30 × 30 à 50 × 50 cm). Massifs, fleur coupée. *Ennemis :* les plantes sont fréquemment attaquées par *Alternaria* et rongées par les limaces.

Culture « type Souci »

Clarkia elegans (Oenothéracées). 'Elégant double varié' (50 cm). *Coloris :* tous (sauf le bleu).	Tous sols même secs (20 × 20 cm); 1 g = 1 000 graines. Soleil. Massifs et fleur coupée.
Godetia grandiflora (Oenothéracées). à fleur d'Azalée'.	Tous sols, même secs (20 × 20 cm); 1 g = 1 500 graines. Soleil. Massifs et fleur coupée.
Tropaeolum minus (Capucine naine - Tropéolacées). 'Globe d'Or', 'Whirlybird' (30 cm). *Coloris :* jaune, orange, rouge.	Tous sols; 1 g = 10 graines. Toutes expositions. Massifs, bordures, potées. *Ennemis :* Pucerons noirs.

Les plantes grimpantes ou volubiles

Ipomaea (Convolvulacées). *purpurea* (= Volubilis). *rubro-coerulea* (l. à grandes fleurs) 'Etoile bleue'.	Coloris variés chez le Volubilis. Coloris bleu et rouge chez l'I. à grandes fleurs. 4 à 5 m de hauteur. Tous sols, soleil sans excès pour I. à grandes fleurs. Plantation : 0,80 à 1 m. *Multiplication et culture :* type Pétunia (semis en godets : 3 à 4 graines ; levée parfois longue et capricieuse). Les Volubilis peuvent être semés directement en place. Murs, tonnelles, treillages.
Lathyrus odoratus (Pois de senteur - Légumineuses). type Spencer, type Multiflora Gigantea, Mammouth, hybrides F 1 américains, type Multiflora Gigantea.	Coloris variés ; 1 g = 10 graines. 1,50 à 2 m de hauteur. Terre de jardin (amendée si possible en fumier à l'automne après un défoncement). Plein soleil. Plantation (pour la fleur coupée) : 1 m entre les lignes, 20 cm sur la ligne. Placer des supports (rames, treillages) et butter. *Multiplication :* type Salvia (semis en godets : 3 à 4 graines par godets de 8-10, ou directement en place ; température 15/18 °C. *Culture* en plein air, en serre ou sous tunnel de plastique (température : 12-13 °C), pour la fleur coupée. Ex : semis en novembre en caissettes ; plantation en décembre (5 plants/mètre). Floraison en avril (jusqu'à la fin mai). Récolte lorsque 2 fleurs sont épanouies. *Ennemis :* Rouille, Pucerons.
Tropaeolum majus (Tropéolacées). Hybride de Lobb : 'Spitfire'.	Voir *Tropaeolum minus,* hauteur : 3-4 m. Utilisation : murs, tonnelles, jardinières (forme retombante) et talus (forme rampante).

3 — PLANTES « MOLLES »

Contrairement aux plantes bisannuelles dont le nombre de genres cultivés est relativement *réduit*, la gamme des plantes molles est très étendue. Traditionnellement multipliées par **bouturage,** on note une évolution vers la multiplication par **semis...** de sorte que ces productions florales peuvent alors être considérées comme **plantes annuelles.**
Un des meilleurs exemples-types de plantes molles est le **Pélargonium.** Les autres genres cultivés sont présentés dans un tableau en fin de chapitre.

Pélargonium

Pelargonium — Géraniacées

Rappels de systématique

Appelé à tort « Géranium », le Pélargonium doit son nom à la forme de ses fruits, rappelant un bec de cigogne (*pelargos* = cigogne).

Distinction entre les deux genres :

Pélargonium	Géranium
Originaires d'Afrique du Sud. Fleur légèrement zygomorphe : 7 étamines sur 10 sont fertiles. Eperon nectarifère au pétale postérieur.	Originaires des pays tempérés ou froids (*G. montanum, G. grandiflorum...* cultivés comme « plantes vivaces ».) Fleur régulière à 10 étamines. Pas d'éperon.

Classification

Les nombreuses espèces de Pélargonium (dont *P. zonale, P. inquinans...)* ont donné, par croisements successifs, différents hybrides que l'on peut présenter ainsi :

P. × hortorum (= « Géranium » commun) souvent appelé pour simplifier *P. zonale.*
Feuilles et tiges tomenteuses. Coloris : rouge, rose, violet, blanc.

Exemples : 'Jardin des Plantes' (un des plus anciens cv.), 'Rhapsodie' (carmin), 'Irène' (rouge) et ses sports, 'Topscore' (rouge orangé), 'Orange Ricard' (orange), 'Maloja' (orange), 'Westfalen' (violet), 'Renard Bleu' (violet), 'Pink Fiat' (saumon)...

P. × hederaefolium (= « Géranium-lierre ») souvent appelé *P. peltatum,* cette espèce ayant été un des géniteurs.
Feuilles et tiges glabres, brillantes. Port retombant. Même coloris.

Exemple : 'Roi des Balcons' (rose) et ses sports ('Decora', 'Imperial', 'Lilas'...), 'Scarlet Crousse' (rouge), 'Super Rose', 'Le Richelieu' (rouge), 'Rouletta' (rouge et blanc), 'Tavira' (rouge vif)...

P.* × *peltato-zonale issus du croisement entre les hybrides précédents. Caractères intermédiaires.

Exemple : 'Belle de Granges' (rouge 1/2 double).

P.* × *domesticum *(ou P. grandiflorum) :* Pélargonium des fleuristes.
Bord des feuilles denté. Grosse fleur (2 à 3 cm) souvent bicolore (rouge et blanc). Cultivés en pots. Ex : 'Grand Slam' (blanc et rouge), 'Pastel' (rose vif)...

Autres Pélargoniums :

Présentés dans les catalogues anglais et américains ; on peut citer :
P. nains et miniatures (30 cm) 'Grace Wells' (rose) ;
P. à feuilles odorantes 'Lady Plymouth' (mauve) ;
P. à feuilles panachées ou P. de fantaisie 'Mme Salleron' (panaché de jaune), 'Henry Cox' (vert, jaune et rougeâtre)...

Importance économique

Plus de 30 millions de boutures (dont 70 % sont produites par 10 établissements certifiés en catégorie A) et 10 millions de plants issus de semis.
Plus de 60 millions de plantes en pots
Le Pélargonium est donc la 1re production française de « plantes en pots ».

Pelargonium* X *domesticum
'Grand Slam'.

MULTIPLICATION ET CULTURES

La multiplication s'effectue par **bouturage** mais le **semis** est également pratiqué à partir de graines d'hybrides F 1.

A — A partir du bouturage

Obtention des boutures

Type : boutures feuillées à 3-4 feuilles ; enlever la feuille la plus basse ainsi que les stipules (pour éviter les risques de pourriture due au *Pythium*).

Epoques : traditionnellement deux époques :
— soit du 15 août au 15 octobre,
— soit de février à fin mars, mais **les établissements spécialisés bouturent pratiquement toute l'année :** ils produisent des boutures racinées ou non racinées qu'ils appellent « cuttings ».

Technique traditionnelle

Dans le cas du bouturage d'été, placer les boutures en coffre, sous châssis ou en godets de 8-10 (1 à 3 par pot). Ombrer. Rentrer en serre froide en novembre.

Dans le cas du bouturage de fin d'hiver, placer les boutures en bâches ou sur tablettes chauffées (éventuellement en godets).

Technique moderne

Elle découle des travaux de recherche de l'I.N.R.A. et du « Groupe Pélargonium » à Angers, en particulier, ainsi que d'une rationalisation du bouturage que pratiquent les établissements spécialisés.
Une maladie bactérienne (due à *Xanthomonas pelargonii)* peut provoquer d'importants dégâts en culture : la pratique de *l'indexage* ou, plus exactement, de la **sélection sanitaire** des boutures permet de produire un matériel sain pour la constitution des *blocs de pieds-mères* sains.

L'indexage peut être réalisé de deux façons :

— *méthode histologique* (1) ; on observe au microscope *les symptômes* de la bactériose : épaississement et bouchage des vaisseaux du xylème dans les *rameaux des pieds-mères.*

— *méthode sérologique* (2) ; on observe au microscope *la bactérie elle-même* dans un extrait de jus d'un *lot de pieds-mères.*

Les blocs de pieds-mères sont donc constitués comme suit :

à partir de (1) : bloc S_0 (« super pieds-mères ») ⟶ bloc S_1 (accroissement) ⟶ bloc S_2 (production de boutures commerciales) ;

à partir de (2) : le bloc sain S_0 constitue à la fois le S_1 et le S_2.

Serres : vastes et claires, ventilation efficace, température hivernale : 14 à 16 °C. Désinfection (au formol ou à l'eau de Javel diluée) avant la mise en place des pieds-mères.

Contenants : containers en matière plastique de 16 à 20 (2,5 à 3,5 litres). Les boutures indexées sont empotées directement dans ces pots, sans rempotage *intermédiaire.*

Préparation des boutures récoltées sur des pieds-mères S_1 ; le greffoir est désinfecté par trempage dans le petit bocal.

Bouturage en « jiffy 7 » sur tablettes grillagées.

Bouturage en plaques alvéolées.

Dans cet établissement les boutures sont plantées sur tablettes roulantes qui sont rentrées au fur et à mesure en serres.

Substrats (pH : 5 à 7) :

traditionnels : terre franche (1/3) + tourbe (1/3) + terreau de feuilles (1/3);

modernes (dans le cas de la culture indexée) : ils sont à base de tourbe T.K.S. 2 et de sable ou d'argile expansée ou de pouzzolane ou d'écorces.

Ex. : 2/3 tourbe blonde + 1/3 sable de Loire (ou similaire); 45 % tourbe blonde + 45 % écorces + 10 % sable ou 3/4 tourbe blonde et laine de roche + 1/4 pouzzolane.

Fertilisation : groupe III de Penningsfeld. Les exportations (mg/plante) pour 5 mois jusqu'au stade floraison sont :

N	P_2O_5	K_2O	MgO	CaO
1 760	790	2 440	170	1 640

(équilibre : 1-0,45-1,4)

On peut utiliser des engrais solubles tous les 15 jours en hiver et tous les 8 jours en été à la concentration de 2 à 3 g/litre.

La méthode Coïc donne d'excellents résultats avec la solution de « type neutrophile ».

Arrosages : respecter le rythme de développement ; le « goutte à goutte » permet de conjuguer arrosages et fertilisation (à titre indicatif on peut apporter 0,2 litres d'eau par pot et par jour en été et 0,1 litre en hiver).

Prélèvement des boutures : technique traditionnelle mais les greffoirs sont désinfectés entre chaque coupe (utilisation de 2 greffoirs trempant successivement dans de l'alcool à 70° par exemple).
L'emploi des hormones de bouturage est discuté.

Empotage individuel en godets neufs : la matière plastique est une garantie d'absence de maladies (godets pleins, godets-paniers, mottes prêtes à l'emploi, plaques de godets ou plateaux de polystyrène, la vente se faisant sous ces différentes formes).
On abandonne les mélanges terreux classiques (terre de jardin sableuse ou terre de bruyère sableuse) au profit de la tourbe (90 % de tourbe blonde et 10 % de sable ou de polystyrène ou d'argile expansée ou de perlite).

Température de fond : 18 °C à 20 °C et température ambiante : 15 °C à 16 °C avec H.R. = 70 à 80 % réalisée par un mist-system ou plus fréquemment, par un petit tunnel de P.E. recouvrant les boutures.

Enracinement : 10 à 20 jours, selon la saison.

Culture proprement dite

Culture traditionnelle

A partir de boutures d'été

Un rempotage a lieu en mars : une plante par pot de 12-14. Pincements pour provoquer la ramification ; les rameaux pincés permettent d'obtenir de *nouvelles boutures.*

A partir des boutures de printemps

Les boutures provenant de la multiplication sont empotées en godets de 7-8. L'utilisation de godets de tourbe pressée est possible : très bonne végétation, légèreté, pas de dépotage au moment de la mise en place.
Placer en serre froide ou (éventuellement) sous châssis froid en avril.
Obtention de plantes *non ramifiées* et à floraison moins abondante au moment de la mise en place.
Substrats et fertilisation : nombreuses formules :

3/4 T. de jardin,	2/3 T. de bruyère,
1/4 T. de feuilles,	1/3 T. de feuilles,
sable.	sable.

Attention, en fertilisant, à ne pas apporter un *excès d'azote* qui provoque un développement *foliaire* très important au détriment de la floraison.
Rechercher un équilibre de l'ordre de 1-1-2.

Culture à partir de boutures indexées

Le schéma de culture est identique, mais deux possibilités s'offrent à l'horticulteur :

Première option : les boutures sont empotées directement en vue de la vente.
On place les pots (10-12) sur les tablettes, à intervalle convenable, en évitant toujours que les feuilles se touchent.
Les boutures doivent être plantées directement à partir du carton de livraison, en évitant toute manipulation inutile.
On rejoint la méthode bien connue des producteurs de Chrysanthèmes pour la fleur coupée.
La température à respecter est de 12 °C s'il s'agit d'une culture d'automne, de 15 à 16 °C dans le cas d'une culture plus rapide, de printemps.

Deuxième option : les boutures sont destinées à constituer un bloc de pieds-mères : c'est le cas des quelques établissements certifiés en catégorie B.

Bloc de pieds-mères S_0 (avec pédiluve à l'entrée); C.N.I.H. Angers.

Nous retrouvons ici une technique identique à celle utilisée par le multiplicateur spécialiste. La durée de la culture est de 2 à 3 ans ; ensuite les pieds-mères sont détruits systématiquement de même que les invendus de la première option. Serres et matériel sont désinfectés.

N.B. : Comme nous allons le voir pour les hybrides F I, les traitements aux réducteurs de croissance se pratiquent de plus en plus souvent sur les plantes issues du bouturage.

B — A partir du semis de graines F I

La technique générale de culture est semblable à celle pratiquée pour les Plantes annuelles. On utilise des graines d'hybrides F I qui offrent les avantages suivants : vigueur, floribondité, homogénéité de port et de floraison. Le semis est pratiqué pour les *P. × hortorum* et, depuis peu, pour *P. × hederaefolium* 'Summer Showers'.

Cultivars :

Rouges : 'Mustang', 'Ringo', 'Sprinter', 'Red Express', 'Red Elite', 'Orbite', 'Hifi', 'Pack Star'...

Roses : 'Chérie', 'Salmon Flash', 'Ringo', 'Smash Hit', 'Orbite'...

Blancs : 'Snowdown', 'Capri'...

Obtention des plants

Semis : mi-décembre, en caissettes ou directement en pots ou en mottes pressées.
1 g = 200 à 300 graines.

Semis de mi-décembre : floraison à la mi-avril ; semis de janvier : floraison en mai ; semis de février : floraison en juin.

Substrats : tourbe (3/4) et sable légèrement tassé.

Technique : recouvrir les graines de quelques mm de substrat et placer en serre à multiplication (avec une plaque de verre ou de plastique sur les caissettes) à 20-21 °C avec H.R. voisine de 90 °C. Levée en 5 à 10 jours.

Culture proprement dite

Empotages : on peut en effectuer deux : en godets de 6-8, dix à quinze jours après la levée, puis en pots de 10-12, quatre à cinq semaines plus tard. Mais on peut également empoter *directement* en pots de 12 (traditionnels ou de plastique).

Substrats : ils peuvent être assez riches (voir Bouturage) ou bien du type : tourbe (90 %) et sable ou styromull (10 %) mais dans ce cas le pH est relevé à 6,5-7 par adjonction d'amendement calcaire (craie broyée, dolomie...).

Soins culturaux

Température : 18 à 20 °C de nuit pendant 2 mois après le semis puis 12-14 °C ; au-dessous de 10 °C la floraison est très retardée.

Serres très claires.

Pélargonium FI traité au cycocel (à droite) montrant un premier bouton à fleurs; la plante témoin est à gauche.

Fertilisation : compte tenu des travaux de recherche les plus récents (groupe « Pélargonium ») nous conseillons les fertilisations suivantes :
— deux mois après le semis : équilibre 1-0,4-1,4; apport d'engrais solubles à la dose de 1 ‰ tous les dix jours;
— un mois après : équilibre 1-0,5-2 ou 1-1-2, à 2 ‰ pour favoriser la formation des fleurs.

Réducteurs de croissance : un premier traitement un à deux mois après le semis suivi d'un deuxième, 10-15 jours après, permet d'avancer la floraison tout en obtenant des plantes trapues et ramifiées (emploi de cycocel à la concentration de 0,1 à 0,2 % en pulvérisation).

Floraison : début mai, soit après quatre mois de culture avec les *cv. les plus hâtifs.*

ENNEMIS

Ravageurs

Ce sont des **polyphages** (Pucerons, Aleurodes, Noctuelles, Acariens...); certains d'entre eux sont des *vecteurs de Virus.*

Maladies

Rouille *(Puccinia pelargonii)* - Taches jaunes à la face supérieure; pustules marrons concentriques à la face inférieure; lutte : Mancozèbe, Triforine...

Pourriture grise *(Botrytis cinerea)* : taches plus ou moins localisées avec fructifications (« moisissure »); lutte : Dichlofluanide, Vinchlozoline, Iprodione...

Fonte des boutures *(Pythium)* : pourriture de la base; aspect *noir brillant;* lutte : culture indexée et désinfection des substrats (Oxyquinoleïne, Prothiocarbe, Furalaxyl...).

Verticilliose : peu fréquente; flétrissement partiel; lutte : Voir Bactérioses.

Bactérioses : la plus grave est due à *Xanthomonas pelargonii.* Taches jaunes sur feuilles et tiges; feuilles bleutées « en parapluie » puis dessèchement (la feuille ne tombe pas). Lutte : voir culture indexée.

Jeune plant de 'Renard Bleu' (cultivar très commercial mais sensible aux virus) régénéré par culture de méristèmes in vitro.

Viroses : Frisolée ; Mosaïque ; Panachure ; Ring Spot... lutte : culture indexée ; cultures de méristèmes, avec, cependant, des résultats très variables selon les cultivars.

L'oedème (épaississement en taches plus ou moins importantes à la face inférieure du limbe) est probablement un accident physiologique lié aux doses d'irrigation ; il est fréquent sur P. « lierre ».

Conséquence de la culture indexée : la certification officielle, entrée en vigueur en 1978. C'est une attestation délivrée par le S.O.C.H. (service officiel de contrôle horticole) qui atteste que les plants certifiés ont été produits par une méthode de

Culture de Fuchsias en pots (sur gouttières) en avril (Anjou).

AUTRES PLANTES « MOLLES »

<table>
<tr><th colspan="4">Plantes décoratives pour leurs fleurs</th></tr>
<tr><th>Désignation</th><th>Multiplication</th><th>Culture</th><th>Observations</th></tr>
<tr><td>Ageratum houstonianum (= A. mexicanum) (Composées) :
1) 'Ville de Liège'
2) Hybrides F 1 'Blue Blazer', 'Danube Bleu', 'Delft', 'Flipper'...</td><td>1) Bouturage en hiver, en bâche à multiplication en janvier-février.
2) Semis (7 000 graines au gramme) en février.</td><td>1) Serre tempérée. Empotage en 7 et mise sur couches (pincements).
2) En serres.</td><td>Fleur bleue.
Bordures (15 cm).</td></tr>
<tr><td>Calceolaria integrifolia (= C. rugosa) (Scrofulariacées) :
1) 'Calypso'
2) Hybride F 1 'Bouquet d'Or'</td><td>1) Bouturage d'automne et d'hiver sous châssis froid.
2) Semis cf. Ageratum (50 000 graines au gramme).</td><td>1) Sous châssis ou en serre froide (pincements).
2) En serres.</td><td>« Calcéolaire à feuilles rugueuses ».
Fleurs jaunes.
Bordures (30 cm).</td></tr>
<tr><td>Fuchsia ricartonii (Oenothéracées) :
hybrides : (issus de F. magellanica, F. splendens...)
à fleurs simples, doubles,
à tiges pendantes...</td><td>Bouturage (et greffage des cv.) tout l'hiver.</td><td>Serre tempérée.
Suite de rempotages.
Exportations (6,5 mois) en mg/plante :<table><tr><th>N</th><th>P_2O_5</th><th>K_2O</th></tr><tr><td>274</td><td>117</td><td>333</td></tr></table></td><td>Devient arbustif (F. riccartonii est rustique jusqu'en Val de Loire).
Fleurs rouges, mauves, violacées, blanches...
Supporte la mi-ombre.
Massifs et potées fleuries (plante d'appartement).</td></tr>
<tr><td>Heliotropium arborescens (= H. peruvianum) (Borraginacées) :
'Géant' (1)
'Marine' (2)</td><td>1) Bouturage en hiver en bâche à multiplication en janvier-février.
2) Semis (1 500 graines au gramme) en février-mars.</td><td>1) Serre tempérée. Empotage en 7 et mise sur couches (pincements).
2) En serres.</td><td>« Héliotrope ».
Fleurs bleues (ou blanches) odorantes.
Massifs (40 à 60 cm).
Soleil.</td></tr>
</table>

Plantes décoratives pour leurs fleurs *(suite)*

Verbena rigida (= *V. venosa*) (Verbénacées). et : ***Verbena X*** 'Trinidad', 'Tropic'...	1) Bouturage en hiver, en bâche à multiplication en janvier-février. 2) Semis (V. rigida : 1 500 graines/g; V. hybrides : 400 graines/g), en janvier/février.	1) Serre tempérée. Empotage en 7 et mise sur couches (pincements). 2) En serres.	V. rigida (« Verveine rugueuse ») : fleurs bleues; 50 à 60 cm. V. hybride : fleurs rouges, bleues à « oeil blanc » ; 20 à 30 cm. Soleil.

Plantes décoratives pour leur feuillage

Désignation	Multiplication	Culture	Observations
Abutilon (Malvacées) : — *pictum* (= *A. striatum*) : 'Thompsoni'; — hybride : 'Savitzii'.	Bouturage en hiver, en bâche à multiplication.	Serre tempérée. Empotage en 7 et plantation sur cuche.	Arbuste (50 cm). Feuillage panaché. Centre des grandes plates-bandes (mi-ombre ou soleil).
Alternanthera amoena (Amarantacées) : Nombreux cv. panachés de rouge, jaune, rose...	Bouturage en hiver, en bâche à multiplication.	Serre tempérée. Empotage en 7 et plantation sur couche.	Plante naine (15 cm). Bordure et *mosaiculture*.
Cineraria candidans (ou ***Maritima***) = *Senecio bicolor* (Composées) : 'Silver Dust'.	1) Bouturage en automne sous châssis froid. 2) Semis (2 000 graines au g) en mars.	1) Sous châssis ou en serre froide (pincements). 2) En serres.	Cinéraire *maritime*. Feuillage argenté. Bordures 20 (cm).
Chrysanthemum parthenium (= *Pyrethrum*) (Composées).	Semis en janvier, sous serre.	Un repiquage et plantation sur couche (pincements).	Pyrèthre doré. *Mosaiculture* en bordures (20 cm).

Plantes décoratives pour leur feuillage *(suite)*

Coleus (Labiacées) : Nombreux cv. issus d'hybrides : 'Or des Pyrénées', 'Gloire de Vichy' et hybrides F 1 'Wizard'.	1) Bouturage en hiver, en bâche à multiplication. 2) Semis : en mars, sous serre (18 °C) ; 3 à 4000 graines/g.	Serre tempérée (1 et 2). Empotage en 7 et plantation sur couche.	Feuillage coloré (jaune : 'Or des Pyrénées' ; rouge et vert : 'Gloire de Vichy'). Massifs et potées en appartement. Supporte la mi-octobre.
Helichrysum petiolare (= *Gnaphalium lanatum*). (Composées).	1) Bouturage en automne sous châssis froid. 2) Semis (35 000 graines au g).	1) Sous châssis ou en serre froide (pincements). 2) En serres.	Feuillage blanchâtre. *Mosaiculture* (20 cm).
Iresine (= *Achyranthes*) (Amarantacées) : — *herbstii*, 'Panaché de Bailly', 'Wallisii', — *lindenii*.	Bouturage en hiver en bâche à multiplication.	Serre tempérée. Empotage en 7 et plantation sur couche.	Feuillage pourpre : (*lindenii* et 'Wallisii') ou panaché : 'Panaché de Bailly'. *Mosaiculture* (20 cm). Même à mi-ombre.

sélection reconnue; ils portent une vignette de contrôle permettant d'identifier leur origine (Cat. A ou B).

UTILISATION

Décoration des plates-bandes, massifs : seuls ou en association avec d'autres plantes molles ou annuelles. Exemple : Pélargonium 'Rhapsodie' + Pétunia bleu en bordure ou Ageratum ou Lobelia.
Décoration des balcons : Pélargoniums « Lierres ».

Plantation : à partir de la mi-mai (climat moyen), à 40 × 40 cm.

Sols : tous sols, mêmes médiocres, mais de préférence silico-argileux, non calcaires (pH : 6,5 à 7). (En sols pauvres, cependant, la plante est très sensible à la Rouille.)

Exigences climatiques : exposition ensoleillée; supporte les fortes températures de l'été, un faible degré hygrométrique et des températures hivernales de quelques degrés au-dessous de zéro.

4 — PLANTES VIVACES

La demande en plantes vivaces est croissante; les raisons principales en sont : prix d'achat relativement modique, déve-

Planches de semis de plantes vivaces au moment de la levée.

loppement rapide, multiplication facile (en général), culture assez simple, coloris (de fleurs et de feuillages), hauteurs, dates de floraison très divers, possibilités d'adaptation à différents types de sols et de climats...
Il est tentant de les comparer, très approximativement, aux arbustes à fleurs de l'arboriculture ornementale.

MULTIPLICATION

Elle s'effectue de différentes manières; les producteurs utilisent surtout le *semis* et le *bouturage* (la ***micropropagation in vitro*** commence à s'employer : Œillets, Pervenches...).

Semis

Employé pour certains genres dont les cultivars sont fixés. S'effectue en plein air (en pépinière, sous châssis), à partir d'avril ou en serre tempérée (en caissettes, cf. « Plantes annuelles ») dès le mois de janvier.

Substrat : terreau sableux ou tourbe enrichie.

Exemple : Œillet mignardise, Lupin, Ancolie, Gaillarde *Delphinium, Rudbeckia...*

Bouturage

Bouturage herbacé, printemps, ou automne pour les genres à feuillage persistant, sous châssis ou plus fréquemment sous tunnel (avec éventuellement un mist-system).

Exemple : Iberis, Alyssum, Aster, Santoline, Lavande, Romarin, Hélianthème...

Bouturage de racines (mai-juin, soit en serre, soit en coffres avec des fragments de quelques centimètres).

Exemple : Phlox, Pavot d'Orient, *Echinops...*

Division de touffes

C'est le mode de multiplication le plus rapide et le plus facile. Effectué au printemps ou en automne, à la bêche ou à la serpette.

Exemple : Aubrietia (avril), Campanules (mai), Iris (juillet), *Aster* (fin d'été)...

Greffage

Procédé exceptionnel; appliqué à la multiplication des Gypsophiles : greffage sur racines en incrustation (juin, sous abri).

CULTURES

Les plantes obtenues après multiplication peuvent être cultivées de différentes manières (dans certains cas, les plants issus de division sont mis en jauges et vendus).

Culture traditionnelle

Repiquage en planches (distances variant avec les plantes).

Epoque : selon les dates de multiplication (automne et surtout printemps).

Sols : (voir tableau) en général riches et profonds, labourés à l'automne, désherbés soigneusement et amendés en fumier bien décomposé.

Soins : entretien du sol (façons superficielles) et arrosages réguliers (surtout après plantation); le désherbage peut être

Culture moderne de plantes vivaces hors sol en godets dans des plaques de polystyrène.

Culture moderne de plantes vivaces hors sol en godets disposés en caisses de manutention.

effectué chimiquement soit sur sol nu avant plantation (Dazomet...), soit sur les plants (Simazine : 100 à 200 g par ha... avec des résultats parfois variables).

Culture « hors sol »

Elle dérive de la culture en containers. Les plants sont placés dans différents contenants : godets de tourbe pressée, placés en caissettes pour éviter leur désagrégation après arrosages ; « godets-paniers » de plastique ou godets (ronds ou *carrés*) de plastique disposés en plaques de polystyrène.
Ces derniers (godets carrés) sont les plus utilisés ; on les place sur un lit de sable ou plus souvent sur un film de polyéthylène noir perforé (évacuation de l'eau).

Substrats : terreau, tourbe et sable ou mélanges à base d'écorces compostées

Fertilisation : on incorpore un engrais de fond au substrat (ex. : 16-8-10) et on apporte des engrais solubles (ex. : 18-9-16) tous les 20 jours, à la dose de 0,5 à 1 g/litre avec 50 à 100 cm^3 par plante.

Campanula persicifolia **fleurit en juin.**

Les Pivoines hybrides sont de très bonnes *fleurs coupées.*

L'Hémérocalle est une plante vivace pour massifs ou *fleurs coupées.*

***Gypsophila paniculata* fait l'objet de cultures importantes en Israël en particulier; les ventes s'effectuent ici au veiling d'Aalsmeer.**

Soins : ombrages (dans certains cas) et arrosages par rampes aériennes munies de gicleurs.

La culture pour la production de fleurs coupées (sous abri ou en plein air) tend à se développer en France compte tenu du coût de l'énergie pour le chauffage des serres : voir plus loin, dans les tableaux, les genres et espèces plus particulièrement adaptés. Cette production connait un très grand essor en Allemagne où des travaux de recherche sont entrepris par l'Université de Weinhenstephan.

Une *fleur coupée* très utilisée par les fleuristes : le *Liatris.*

ENNEMIS

Voir tableau

COMMERCIALISATION ET UTILISATION

Vente : elle peut s'effectuer de différentes façons : à racines nues, en mottes, en sachets de plastique remplis de tourbe mais on s'oriente de plus en plus vers la commercialisation en godets de plastique (manipulation, stockage, présentation plus faciles et attrayantes pour l'acheteur).

Utilisation :

Mixed-borders (plates-bandes dans lesquelles les plantes sont associées en fonction de leur taille, de leur coloris et des dates de floraison).

Décoration des murets, rocailles, talus, dallages.

Fleurs coupées.

« **Bouquets secs** » = Graminées, Ombellifères, Composées...

Bassins (plantes aquatiques...).

PRINCIPALES PLANTES VIVACES

Plantes vivaces à floraison printanière

Alyssum (Crucifères) : *saxatile* (20 cm) 'Plenum'	= Corbeille d'or Jaune ; feuilles persistantes, grisâtres Soleil Bordures, murets, rocailles
Aquilegia (Renonculacées) : *hybrides* (50 cm) 'Crimson Star'	Ancolie Coloris variés Soleil Bordures, *fleur coupée*
Arabis (Crucifères) : *caucasica* (20 cm) 'Plena'	Arabette, Corbeille d'argent Blanc, rose ; feuilles persistantes, blanchâtres Soleil Bordures, murets, rocailles
Aubrieta = ***Aubrietia*** (Crucifères) : *hybride* (10 cm) 'Ville d'Orléans'	Rouge, rose, violet ; feuilles persistantes, petites et grisâtres Soleil Bordures, murets et rocailles
Campanula (Campanulacées) : *portenschlagiana (= C. muralis)* } 20 cm *garganica* } *pyramidalis* (120/150 cm) *persicifolia* (60/80 cm)	Bleu Soleil ; feuilles persistantes Bordures, murets, rocailles Campanules Bleu, blanc Soleil, sols argilo-siliceux Massifs, *fleur coupée*
Cerastium (Caryophyllacées) : *tomentosum* (30 cm)	Céraiste Blanc ; feuilles persistantes, argentées Soleil ; sols secs Bordures, murets, rocailles
Dianthus (Caryophyllacées) : *deltoides* (20 cm) *plumarius* (30 cm) = « OEillet mignardise »	Rouge, rose, blanc, parfumé Soleil Bordures, murets, rocailles *Fleur coupée (D. plumarius)*
Heuchera (Saxifragacées) : *X* (50 cm) 'Pluie de feu'	Rouge, rose Soleil Bordures *Fleur coupée*
Iberis (Crucifères) : *sempervirens* (30 cm) 'Snowflake'	= Thlaspi, Corbeille d'argent Feuilles persistantes vertes Soleil et demi-ombre Bordures, murets, rocailles, potées fleuries

PRINCIPALES PLANTES VIVACES

Plantes vivaces à floraison printanière *(suite)*

Iris (Iridacées) : *pumila* (20 cm) 'Azurea'	Iris nain, rhizomateux Jaune, bleu, blanc Soleil ; tous sols, mêmes arides, calcaires Bordures, rocailles
Phlox (Polémoniacées) : *subulata* (10 cm) 'Daisy Hill' (rose)	Rouge, rose, bleu, blanc Soleil ; tous sols, même moyens Bordures, murets, rocailles
Paeonia (Renonculacées) : 1) X *lactiflora* (Pivoine de Chine) : 'Félix Crousse' (rouge) 2) *officinalis* (Pivoine des jardins) : 'Rubra Plena'	1) Rouge, rose, blanc, jaune *(parfumées)* 2) Rouge, rose, blanc *(inodores)* 1) Une à sept fleurs par tige florale 2) Fleurs solitaires Soleil ou mi-ombre ; tous sols, même moyens (distance de plantation : 0,80 cm) Plates-bandes ; isolées sur pelouses *Fleur coupée*
Primula (Primulacées) : *vulgaris* (= *P. acaulis*) (10 cm) Hybrides (20, 30 cm) (= *P.* X *elatior*) : race Geant Pacific	Primevère des Jardins Tous coloris (très vifs) Floraison très précoce ; tous sols non calcaires, frais et à mi-ombre Bordures, rocailles, murets Excellentes plantes en pots (voir § *Primula*)

Plantes vivaces à floraison estivale et automnale

Aster (Composées) : 1) *novae-angliae* (1,50 m) 2) *novi-belgii* (1 m) 3) *X dumosus* (30 cm) 4) *amellus* (50 cm)	1), 2) = Asters d'automne, tous coloris 1) tige velue 2) tige lisse 3) = Asters nains, tous coloris, automne 4) = Asters d'été, tous coloris Tous les sols, soleil Ennemis : Oïdium Bordures (3) ; plates-bandes *Fleur coupée*
Astilbe (Saxifragacées) : *japonica* (et hybrides) (50 cm) 'Fanal'	Rouge, rose, blanc Fleurit jusqu'en août, sols frais, (léger ou limoneux), soleil ou mi-ombre Remarque : se force aisément (potées fleuries pour avril) Bordures et sous-bois au bord des eaux
Centaurea (Composées) : (1) *montana* (40 cm) 'Coerulea' (2) *macrocephala* (80 cm)	(1) Bleuet ; (2) Centaurée (1) Bleu, rose et blanc (de mai à août) (2) Jaune vif (mai à juillet) Tous sols, secs ; soleil ou mi-ombre Bordures ; plates-bandes *Fleur coupée*

PRINCIPALES PLANTES VIVACES

Plantes vivaces à floraison estivale et automnale *(suite)*

Chrysanthemum (Composées) : *maximum* (80 cm) : 'Etoile d'Anvers', 'Wirral Suprême', 'Esther Read'	= Grande Marguerite ou *Leucanthemum* Blanc ; fleurit en juillet-août Tous sols ; soleil Plates-bandes *Fleur coupée*
Chrysanthemum (Composées) *X koreanum* 'Lucie' (50 cm)	Chrysanthème coréen Coloris variés Tous sols Massifs et *fleurs coupées*
Delphinium (Renonculacées) : — Hybrides de *D. belladona* (1 m) — Hybrides de *D. elatum*, type Pacific Geant (2 m)	= Pied d'Alouette vicace Bleu, blanc ; remontant. Tous sols (mêmes calcaires et secs) Soleil Plantations à grands écartements (60 × 60 cm) Plates-bandes ou en isolé *Fleur coupée* Ennemis : Bactériose
Gaillardia (Composées) : Hybrides : 'à grandes fleurs' (60 cm)	= Gaillarde vicace Coloris associant jaune et rouge Tous sols, soleil Plates-bandes *Fleur coupée*
Gypsophila (Caryophyllacées) : 1) *paniculata ;* 'Bristol Fairy' (70 cm) 2) *repens* (20 cm)	1) « Brouillard » Blanc, rose Tous sols, profonds ; soleil 1) *Fleur coupée* en plein air (Israël) et sous abri (Pays-Bas) en plein essor. Plates-bandes ; 2) Murets ; rocailles
Helenium (Composées) : *automnale* et hybrides : 'Crimson Beauty' (50 cm)	Grandes plantes (2 m) chez le type, mais plus petites chez les hybrides Jaune, rouge Tous sols, soleil Plates-bandes *Fleur coupée*
Hemerocallis (Liliacées) : hybrides	= Hémérocalle Jaune, rouge, orange... Fleurit tout l'été Tous sols, soleil ou mi-ombre Plates-bandes ; bord des eaux
Iris (Iridacées) : *germanica* (0,60 m) : très nombreux cv.	= Iris des jardins Tous coloris (juin) Tous types de sols même secs Plates-bandes ; groupes *Fleur coupée*

PRINCIPALES PLANTES VIVACES

Plantes vivaces à floraison estivale et automnale *(suite)*

Liatris (Composées) *spicata* 'Picador' (60 cm)	Rose, pourpre Epanouissement de l'inflorescence à partir du sommet Sols humifères *Fleur coupée*
Lupinus (Légumineuses) : *polyphyllus* et hybrides : 'Blue Sky' (1 m)	= Lupin Tous coloris (de juin à août) Sols frais non calcaires ; soleil 60 × 60 cm Plates-bandes ; isolées *Fleur coupée*
Phlox (Polémoniacées) : hybrides (80 cm) : 'Spitfire' (orangé)	Rouge, orangé, rose, violet Tous sols (non secs), soleil Plates-bandes
Rudbeckia (Composées) : 1) *speciosa* et *sullivantii* 'Goldsturm', le meilleur cv. (60 cm) 2) *purpurea* (= *Echinacea purpurea*), 1 m	1) Jaune à cœur noir 2) Pourpre Tous sols même secs ; soleil Plates-bandes. Fleurit tout l'été *Fleur coupée*
Scabiosa (Dipsacées) *caucasica* (70 cm) 'Nachtfalter'	Scabieuse Bleu, blanc Sols argilo-sableux *Fleur coupée*

***Rudbeckia* 'Goldsturm', une des meilleures plantes vivaces qui fleurit tout l'été (La Treille).**

Index alphabétique

Achevé d'imprimer
sur les presses de Centre-Impression
en décembre 1986

Dépôt légal : 4e trimestre 1986

Centre-Impression - Limoges